成长不再烦恼
允许我流三滴泪系列

做个内心强大的好孩子

ZUO GE NEIXIN QIANGDA DE HAO HAIZI

赵 静 著

河北出版传媒集团
河北少年儿童出版社

图书在版编目（CIP）数据

做个内心强大的好孩子 / 赵静著 . — 石家庄：河北少年儿童出版社，2015.1（2020.8重印）
（允许我流三滴泪系列）
ISBN 978-7-5376-7530-7

Ⅰ.①做… Ⅱ.①赵… Ⅲ.①成功心理 – 少儿读物 Ⅳ.①B848.4-49

中国版本图书馆CIP数据核字(2014)第246429号

允许我流三滴泪系列

做个内心强大的好孩子

赵　静　著

选题策划	段建军　赵玲玲	
责任编辑	翁永良	
美术编辑	牛亚卓	
特约编辑	李伟琳　陈　燕	
封面设计	王立刚	

出　　版	河北出版传媒集团　河北少年儿童出版社	
	（石家庄市桥西区普惠路6号　邮政编码：050020）	
发　　行	全国新华书店	
印　　刷	鸿博汇达（天津）包装印刷科技有限公司	
开　　本	880mm×1230mm　1/32	
印　　张	5.75　彩插0.25	
版　　次	2015年1月第1版	
印　　次	2020年8月第19次印刷	
书　　号	ISBN 978-7-5376-7530-7	
定　　价	25.00元	

"**画**中有**话**"

寻词游戏开始啦！

一、寻词地点

词语都隐藏在动物乐园中，还等什么，快来找找吧！只有看不到，没有想不到！

二、游戏规则

1. 请各位看管好自己的心情，要不急不躁。

2. 各位无需自带工具，现场擦亮眼睛即可。

3. 找到所有的词语后，请第一时间将其拼成两个句子。

第一句：＿＿＿＿＿＿＿＿＿＿＿＿＿＿＿＿＿＿。

第二句：＿＿＿＿＿＿＿＿＿＿＿＿＿＿＿＿＿＿。

4. 答案在最后一页，确定你的句子没问题了再看哦！

5. 祝各位小读者快乐！如有其他问题，可以咨询本书作者：jingzhaohu@sina.com。

擦亮眼睛，
将藏在动物或场景中的词语找出来吧！

触动心灵的温情话

把握自己的命运，否则别人就要来把握。

在吃亏中你会学到更多，得到更多。

如果收拾不了混乱的生活，那就收拾好自己的心情。

逆来顺受同争强好胜一样危险。

将自己的想法深深埋藏在心底，这是不健康的。

在小事不妨让让别人，但在大事上一定要有自己的原则。

你希望别人怎样待你，你就该怎样去对待别人。

心地再好，脾气和嘴巴不好，也只能算个七折的好人。

目 录
MULU

目 录
MULU

有一种欺负叫霸道

善待他人，

需要从日常小事做起。

要学会表达自己的喜悦和不满，

在不断战胜自我和克服挫折中成长。

第一章

令人发疯的同桌

新学期开始，班主任余老师重新给我们排了座位。

座位排在哪儿，倒无所谓，有所谓的是，和谁排在一起坐同桌。

很不幸，老师给我安排了一个全班公认的"考试大王"——倒数第一坐同桌。老师给我的理由是：你是学习委员，必须一帮一。

真让我欲哭无泪呀！

这个"考试大王"姓陶，名志明，个子矮矮的，脸黑瘦黑瘦的，眼睛小小的，鼻子大大的，大家给他取了个外号——"淘大仙儿"。

以前也知道他淘气，但不知道他原来是如此的淘气——淘大仙儿，真是名副其实啊！

下课时，他也不大喊大叫，都是蔫蔫的——蔫不唧地干坏事。

把同学的书或文具从这桌上挪到另一个桌上（神不知鬼不觉地）。

往女生书包里塞一个恐怖玩具（一点儿技术含量都没有）。

到操场上抢球，故意扰乱正常比赛（真是欠扁啊）。

有时，他简直就像一个多动症患儿，在教室里，低着头，不停地窜来窜去，窜来窜去……

人多的时候，他照样挤来挤去，或者像一架小飞机似的，撞来撞去，撞来撞去……

他倒是蔫蔫的，而那帮女生们，却在不停地尖叫；那帮男生们，则在不停地咒骂他，或追着扁他。

唉，下课淘就淘点儿，虽然会激起公愤，但是这算不了什么，最要命的是，他上课的时候淘，惨的就是我一个人了。

他下课是蔫淘，而上课呢，则是蔫说，那个嘴巴呀，

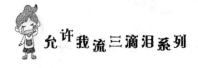

总是喋喋不休啊！

哦，还有他的手，也是闲不住，总在不停地撕纸，撕，撕，撕……

我现在每节课都要被他干扰，都快疯掉了。

我给您描述一下其中一节课的情形，您就知道我的日子有多难过了。

数学课上，他不停地跟我说话，我根本不搭理他。

他见我不搭理他，就一边撕纸，一边自己跟自己说话，叽叽咕咕，叽叽咕咕……

过一会儿，他又会凑过来找我搭话。

他问我："嗨，你吃过老鼠胆没有？"

我没吱声，继续听老师讲课。

他见我还不接茬儿，又开始了一个人的喋喋不休，什么他吃过了，如何如何的苦啊，总之，有关猪胆、狗胆、鸡胆、豹子胆什么的，能说上大半天。

听着耳边的聒噪声，有时候我实在忍无可忍，就狠狠地拽一下他的胳膊，指着黑板，让他好好听老师讲课。

有时候我用力过猛，他就会疼得龇牙咧嘴。

您以为他会改正的吧？

错，大错特错！

他又开始了新一轮的喋喋不休，什么好男不跟女斗啊，什么打死人得偿命啊……总之，一大堆乌七八糟的。

而老师在批评他的时候，总会把我也捎上，让人欲哭无泪，也严重影响了我听课的心情。

一下课，我怒火万丈地揪住他的衣服，冲他"狮吼"："上课时，你自己傻玩还不够，干吗非要缠着我玩？你不想听课，我还要听课呢！"

全班同学都被我吓倒了，而他却一副"不知所措"的

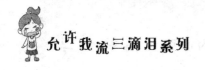

样子站在那儿。

真是可恶，他每次都这样装无辜，我都烦死了！

我多次找余老师，要求换同桌，可余老师就是不同意，理由还是一个样儿：你是学习委员，应该帮助他。

唉，我该怎么帮助他呢？

黑夜彩虹　女生　四年级

情绪涂改液

亲爱的"黑夜彩虹"，与这个"淘大仙儿"坐同桌，你也非常有收获哦，至少你描写的这个同桌，都快把我笑傻掉了。

如果没有这个鲜活的、让你欲哭无泪的同桌，你能写出这么生动而逼真的文字吗？

不过，话说回来，谁要是遇上这样的同桌，也真是够抓狂的！

可没辙呀，老师不给换同桌呀，而且还提醒咱是学习委员，得帮助他。

改变不了与他坐同桌的状况，那就试着帮助他吧，帮助他就等于帮助了自己。

可不是嘛，他要是"改邪归正"了，你的日子就会好过多了，而且，还能充分显示出你的个人能力呢！

你笔下的这个同桌，毛病非常突出，但我感觉他并不让人厌恶透顶，还是有很多可爱之处的。

比如，他总有说不完的话题，显得很有知识似的。

他还挺有绅士风度的，说什么好男不和女斗。

他挺好玩儿的，会装傻装无辜，来博取你的同情，让你愤怒地高高举起拳头，最后却只能轻轻放下……

据我分析，你的这个同桌，是因为上课不好好听讲，考不到高分，学习不好，就只好从其他方面来吸引人的眼球了：他那一系列的"淘法"，真是令人"眼花缭乱"呀！

与其让他靠捣乱的方式来引人注意，不如从正面引导他来"出风头"。

你可以助他一臂之力，比如帮助他正式进入球队，让他把身上多余的精力全都发泄出来，就不会"多动"了。

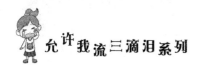
悄悄地和他打赌：上课时，除了举手回答问题外，不说一句话，不撕一片纸，他要能做到，你就得请他吃好东西；如果他做不到，他就得请你吃好东西。

当他做到时，你完全可以把自己的小零食分给他一点儿呀，还要（一定要）当着全班同学的面，表示"服输"，给足他面子，这可是鼓励他的好机会哦。

呵呵，之后就继续"赌"下去，让全班同学都来监督。当他上课的好习惯养成以后，你想让他干扰你上课都难喽。

如果真的有那么一天，你可是功不可没呀！恐怕连余老师都得向你表示佩服。

♛ 成长小测试

哪种人让你束手无策

在你的朋友和同学的圈子中，总有那么一种人，让你拿他没办法。软硬兼施、威逼利诱，都搞不定他。这个令你束手无策的人，是个什么样的人呢？请做以下测试题。

做个内心强大的好孩子

1. 你的同桌是哪种类型的?

    A. 暴力型。   B. 温吞型。

    C. 沉静型。   D. 唠叨型。

2. 上课说小话被老师发现,你会怎么做?

    A. 推卸责任。   B. 当面道歉。

    C. 死不承认。   D. 找借口掩饰。

3. 在兴趣小组活动中,和同学有了不同的意见,你会怎么做?

    A. 掉头就走。   B. 双方好好沟通。

    C. 找老师评理。   D. 坚持自己的意见。

4. 你喜欢哪种脸型?

    A. 五官有特色的。   B. 脸型大众化的。

    C. 圆脸型的。   D. 大额头尖下巴的。

5. 食堂里很挤,你会怎么做?

    A. 忍着。   B. 指挥大家排队。

    C. 下次早点儿来。   D. 没有食欲了。

6. 看到某个同学很伤心,你猜想他怎么了?

    A. 生病了。   B. 被爸妈骂了。

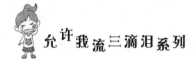

C. 和同学闹矛盾了。　　D. 被老师批评了。

7. 与人约会，你会在哪里等候？

A. 大卖场门口。　　　　B. 文化宫门口。

C. 电影院门口。　　　　D. 麦当劳。

选择结果分析

每道题选 A 得 4 分，选 B 得 3 分，选 C 得 2 分，选 D 得 1 分。

得 25 分以上，说明你对有暴力倾向的人束手无策。你不怕他，但挺讨厌他的。如果改变不了这个人，那就少打交道吧。

得 11~24 分，说明你最烦慢性子的人了，在相处中会相互闹矛盾。得克制自己的急性子哦。

得 10 分以下，说明你最怕小心眼儿的人，没有安全感，心理负担重。那就远离小家子气的人吧。

小女巫的可怕招术

唉，最近真惨，好多事都缠着我。

为了与张雅雅绝交，不知耗费了我多少时间、多少精力！

绝交书我写一份，她撕一份。最终，我以付出一盒糖的代价，才终于让她在绝交书上签了两个字：同意。

您可能要问我了，为什么要和张雅雅绝交，我一说您就明白了，这种朋友实在是交不得。

她一下课就和我打打闹闹，以前总是她输，现在却总是我输。

我都有点儿怕她了。为什么呢？因为她现在有了一个绝招儿，叫"抹布招儿"，就是把很脏的抹布往别人嘴里塞，边塞边说："我让你吃抹布，我让你吃个够！"

我都"吃"了四回抹布了，我真的很怕她了。

这个小女巫还有两个更厉害的招术，一个叫"抹布包东西招儿"，一个叫"偷吃招儿"。

第一招儿，就是用脏抹布包住我的眼睛。

第二个"偷吃招儿"，就是我几乎每天都会买一盒糖，可是，周一三五有室外活动课时，她就会趁我出去玩时，偷偷吃我的糖，吃不了就分给别人。更可气的是，她还会拿出几颗糖扔到地上，用脚踩脏，再放回盒里，摇一摇，这样，一整盒糖就都不能吃了。

你说可恨不可恨！她不吃也不让别人吃，可这是我的糖啊！

从此以后，我就很少买糖了。可我天生又是一个爱吃零食的人，就是不买糖，也会忍不住买点儿别的什么东西吃。后来，张雅雅又发现了，她还是偷吃。赵老师，您说我该怎么办呀？

青蓉 女生 三年级

👑 情绪涂改液

亲爱的"青蓉"，读了你的一串串"怎么办"，我忍了半天还是笑出了声。

一方面，笑你强迫张雅雅在绝交信上签"同意"两个字。张雅雅可真是个不折不扣的、带点儿暴力倾向的疯丫头啊！

另一方面，那充满童真的逼着签绝交信，那无可奈何的"怎么办"，和你那想恨又恨不起来的懊恼样儿……也让我笑弯了腰。

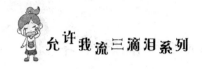

虽然你对这个朋友有很多不满，但似乎并不怎么太讨厌她。

而你的朋友，这个爱往人嘴里塞抹布的张雅雅，对人好像也没有什么恶意，只是有些做法，实在不敢恭维：随便拿别人的东西，把别人的糖扔到地上，还用脚踩脏……似乎她做得还挺来劲的、挺有乐趣的！

问题虽然出在她的身上，但你也有不可推卸的责任哦。

比如，在没得到你许可的情况下，她一个劲儿地拿你的糖并扔到地上踩时，你并没有阻止她呀。

更严重的是，你还天天买一盒糖来"供她玩乐"。

可能你不太想承认这个"供"，但是事实上，你没有阻止，就表示你在放任她这样做。

知己知彼，问题就好解决了。

找她好好谈一谈，问问她是不是愿意被人往嘴里塞抹布，是不是愿意别人偷拿她的糖。

如果她是一个正常孩子的话，给你的答案一定是："不"那你就可以严肃地、认真地告诉她："我也不愿意！希望你以后不要再这样了！"

另外，你还要告诉她，朋友之间应该相互尊重。

如果对于你的严肃态度，她还是嘻嘻哈哈的，甚至恶作剧地说"我愿意"。那么，挺懂得尊重别人的你，也不要感到为难哦，你就狠狠心，准备来个"以牙还牙"——假装也往她嘴巴里塞抹布……

最后的结果肯定是她逃之夭夭，再最后的结果是，受到你的惩罚，她再也不会那么做了。

这种方式比你拿一盒糖，逼人家在绝交信上写"同意"两个字有效多了，而且还不会失去一个好朋友。

当然，如果她改掉了自己的坏毛病，你们的绝交信，也就可以宣布作废了。

👑 成长小测试

同学眼中的你

你在同学眼中是个什么样的人？如果你特想知道，那么下面这个测试可以满足你的愿望。

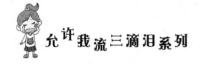

暑假期间，同学来你家玩，当他走后，你突然发现他的外套落在你家里了，你会怎么办？

A．立即追出去。如果追不上，那就立马送到他家去。

B．给他打电话，让他自己过来取。

C．托另一个同学带给他。

D．就放在家里吧，以后有机会见面时再说。

选项分析

选择A：说明你既大胆又冷静，能为别人着想。在好处面前，你是不会只顾自己的。

选择B：你比较积极上进，脑瓜聪明，能力很强，但遇到问题时，常常会自信过头。

选择C：你整天很快乐，好像不知忧愁为何物，喜欢帮助人。只要有人求你，你不管做到做不到，都会答应下来。

选择D：你比较胆小怕事，干什么都小心翼翼的，生怕出什么岔子。优点是责任心强；缺点是责任心太强，常常把自己弄得忧心忡忡。

总是被欺负

赵静阿姨，我现在真的很烦，不是因为学习压力而烦，而是烦我们组的英语组长胡依依。

我们班的规则是：四个人一小组，谁的英语成绩稍好一点儿，就当组长。

虽然胡依依的英语成绩比我们的好一点儿，但有时我也能超过她，可她还是总以权势来压人。

比如，她想去买东西，可又不想自己一个人去，就硬要拉着我陪她。

如果我不去，她就会生气。她一生气，就会在我的作业本上施以报复，不管三七二十一，在本子上乱打叉。有时在对的地方，她也给打个叉。

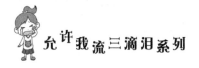

我找她说理，并让她改过来，她不仅不听反而更生气。没有办法，我只能去找老师。老师也说过她几次，可她还是老样子。

我们组有的同学英语成绩不好，就老巴结她。见到这种情况我就生气，自己的英语成绩不好，就要更努力地学习，争取超过她，为什么要巴结她呢？巴结一次两次还可以，可她生气的时候，你怎么巴结？

我才不巴结她呢！自己的水平什么样自己知道，只要会默写英语单词，会背英语课文，我就不怕她找碴儿。

最惨的是，最近老师又把我们调成了同桌。

有一回，她挨着墙坐，我坐在边上。然后，问题就来了。

做作业时，她就对我说："你看你那边地方那么大，

还有一条小道，你把胳膊耷拉下去，往那边靠靠不行吗？"

虽然我没有挤到她，但我还是往边上挪了挪。

可是，等到我换到了里边，她换到了边上坐时，她还是照样挤我。我也曾对她说过同样的话，让她把胳膊耷拉下去，往边上靠靠，但她根本不听。

还有，上课时，她总是趁我不注意拍我，掐我，捅我。

我都忍不下去了！如果她总是这样，我想，有一天，我一定会抑制不住自己的心情跟她争辩的。

好了，我告诉您，以上文字，都是在英语课上写的。

就此搁笔，再写下去，"老英"的利眼，准能把我抓住。

冷冰雪　女生　四年级

♛ 情绪涂改液

亲爱的"冷冰雪"，其实，对于你同桌的不讲道理和刁蛮，你已经做得很好了，你很会保护自己。

比如，你将这种情况告诉了老师，尽管老师教育她以后，她并没有改正。

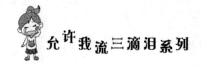

比如，"我才不巴结她呢。自己的水平怎么样自己知道，只要会默写英语单词，会背英语课文，我就不怕她找碴儿。"

如果她还继续这样刁难你，把你对的题也故意打上叉，你也可以直接质问她，为什么要这样对你。

交流与沟通，有时是很管用的好办法。

还有一种情况就是，你的英语成绩比她好，作业对的比她多，老师曾表扬过你，那么，你很有可能让英语组长产生了忌妒心理。所以，她不自觉地就想要刁难你。

如果是因为忌妒而被她找碴儿，其实是一件好事啊。这说明你身上肯定有很多地方比她优秀。

如果她的刁难行为没有超过一定的度，这种忌妒心理也是很正常的。你只要睁大眼睛，直视她的眼睛，用你的眼神镇住她。

如果你已经超过了忍耐的极限，就向爸爸妈妈寻求帮助，也不失为一个办法。就让你的妈妈找老师谈一谈吧，这样足以引起老师的注意。但讲情况时一定要实事求是，否则只会让状况变得更糟。

从整体情况来看，这个英语小组长，也就是你的同桌，不算是欺负人，她只是有点儿小刁蛮，像一个不懂事的小妹妹一样。

　　只要动动脑子，我相信你完全可以自己处理好的。

　　顺便给你提个醒儿：有时候也要检讨一下自己，是不是有点儿春风得意，有点儿张扬了。如果是这样的话，那就尽量让自己收敛一下，低调一点儿，谦和一点儿，让这个英语小组长看你越来越顺眼，最后和你成为形影不离的好朋友。

　　这可是没准儿的事！

👑 成长小测试

你解决问题的能力怎么样

　　还没进校门，远远地，你就看到一大群同学在教学楼前围观。但因为距离远，你没法儿看清楚，于是，你心里有了一种不祥的预感。

　　凭直觉，你认为发生什么事了，这群人在围观什么呢？

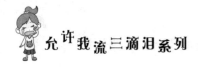

A. 有同学从楼上摔下来了。

B. 有同学在打架。

C. 有同学丢东西了。

D. 有人冲进校园要行凶。

E. 有不明事理的家长来学校闹事。

F. 免费赠送学习用品。

选项分析

选择 A：你想问题比较直观简单；遇到问题时，一般会根据自己的逻辑思维去处理，但大部分时候，总是喜欢等着别人来帮助自己。选 A 的同学，一定要处理好与老师、同学的关系，只有这样，在你遇到困难的时候，别人才会心甘情愿地伸出援助之手哦。

选择 B：在生活与学习中，你总会遇到困难，或者常会陷于困境之中。当压力过大时，你会与人发生争执，甚至动拳头。这种状态会直接影响你的心情，也会影响学习效率。建议选 B 的同学，在遇到问题时，想想问题出在哪里，想办法去解决。吵架或武力，只能把事情弄得更糟。

选择 C：你很精明，很善于察言观色，与人相处时，不愿吃一点儿亏，遇到困难时，总喜欢推给别人，因此，给大家留下的印象是自私自利。建议选C的同学，要做到以诚相待，遇事与大家共同承担，一起想办法去解决，只有这样，你才能赢得大家的尊重与好感。

选择D：在生活与学习中，不管遇到什么困难，你总会积极地想办法去解决，因为特怕给别人添麻烦，所以绝不会去寻求帮助。建议选D的同学，在遇到困难时，一定要请教父母、老师或同学，及时解决好问题，没必要一个人默默去承受，毕竟一个人的能力是有限的。

选择E：你人缘不错，遇到困难时，总会有人伸出援助之手。时间长了，你会习惯于依赖别人，不愿去动脑子想办法。因此，一旦遇到竞争对手，缺乏实力的你，会很快败下阵来。建议选E的同学，要想取得好的成绩，就必须勤奋学习，善于思考，增强自己的实力。

选择F：你性格外向，总是开开心心的，是典型的乐天派，但因为过于乐观，总把问题看得过于简单，甚至逃避问题。建议选F的同学，遇到问题时，不要盲目乐观，而是要正视困难，迎难而上，想办法去解决它。

装病是为了逃避

赵老师，您好！还有两周就要期末考试了。我却没有在学校和大家一起复习功课，而是一个人孤单地在家养病。

妈妈带我到医院查来查去，也没查出什么名堂。但我就是说自己头疼，让妈妈去上班，说我在家好好休息就行了。

其实，我心里明白，与其说是养病，还不如说是在逃避。

是的，我是在逃避，逃避同学们对我的讥笑，逃避他们对我的各种评判，逃避他们对我吐口水，逃避各种各样难听的外号和责骂……

刚开始，我还为这些哭过，伤心过，但是渐渐地，我不再哭泣，不再辩解，不再表白。

我表面上看起来很麻木，而事实上，我心上的伤口却越来越深，疼得无法呼吸。

写到这里，泪水又模糊了我的双眼。

事情还要从我转到这所新学校说起。

刚来这所学校时，同学们对我都很热情。我们一起吃饭一起玩耍，一起参加学校和班级的各种各样的活动。

比如，出黑板报，当主持人，组织竞赛，帮老师改卷子……天天忙死了。但是，我非常快乐，因为很有成就感啊。

可是过了一段时间后，我发现同学们逐渐对我越来越冷淡了，有的甚至不理我，还说很多风凉话。

为了让班级工作更加出色，我绞尽脑汁，想和班里的每个人搞好关系。

甚至他们对我有一点儿小误会，我都会放在心上，然后找机会拼命地跟他们解释。即便是这样，他们也不领情，仍然在不知不觉中冷落我，甚至年级里有很多人，也看我不顺眼。

真是的，我招谁惹谁了？

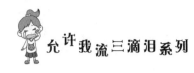
更糟糕的是，他们以前只挑剔我的学习和工作，而现在呢，他们竟然开始挑剔我穿什么、吃什么、喝什么了……

我有那么特殊吗？

有一回，我穿了一件粉色的 T 恤，刚一进班，马上就遭人白眼，而其他人穿粉色的衣服，却什么事也没有。

我发誓再也不穿那件衣服了。

就算不开心，要强的我，也天天强装笑颜。

他们有时也会围着我转，但那不是对我表示热情，而是变着法子损我。那种七嘴八舌的场面，简直太令人难以忍受了！

"你太瘦了，发型太难看了！"

"就是，太丑了，你的屁股太大了，还装什么可爱呀。"

"你太爱出风头了……"

总之，他们能用来骂人的词，都对我用过了。

天哪，我哪里做得不好了？怎么那么招人恨呀，而且还是那么多人的恨？

欲哭无泪！

我从小就是一个乖孩子，听着各种赞扬的声音长大，度过了无忧无虑的童年生活。但是这一次转学，却让我的心，蒙上了一层浓浓的阴影……

无论他们怎么损我、骂我，我还是对他们和和气气的，毕竟天天要在一起相处的。

实际上，我不停地将泪水往肚里咽，真不是滋味呀！老师，帮帮我吧！我觉得，我的天都快塌陷了。您能教我一些解决问题的方法吗？

孤独的心 女生 五年级

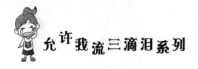

👑 情绪涂改液

亲爱的"孤独的心":

琢磨着你的来信,我能真切地感受到你的痛苦与无助。

刚开始转入一所新学校时,需要一段时间适应环境,而你却能很快适应,并靠自己的能力,赢得了好人缘。这说明你很能干哦。

俗话说得好,好的开头就等于成功了一半。没想到,却事与愿违,这也让你百思不得其解。

当你觉得每个人对你的态度都不友善时,那就得反思一下自己了。

从来信看,你是一个非常活跃、非常愿意参加集体活动的孩子,为此,我要对你说声"你真棒"!

为什么热情似火、积极能干的人,却越来越受到冷落,被起了一大堆难听的外号,甚至,年级里的其他人也看你"不顺眼"了呢?

在寻找到解决问题的办法之前,我们得分析造成这种局面的原因才能"对症下药"嘛。

在来信中，你一直在倾诉自己的能干及受到的种种委屈，却没有反思自己的一言一行，甚至还百思不得其解"我招谁惹谁了"。但是，我却从中找到了一些"蛛丝马迹"。

你从小就是一个乖孩子，是听着各种赞扬的声音长大的。

你表面上很乖巧，是因为你总能听到赞扬声，其实你的内心是很要强的——你绞尽脑汁地和每一个人搞好关系，把泪水往肚子里咽……

要强的你，很有成就感的你，是不是为了尽快得到别人的认可，而一直过度地表现自己？是不是在与同学合作中，太张扬，太居功，太不顾别人的感受，不尊重别人的劳动了？

在合作中，抢功的人，推卸责任的人，一定会遭人嫉恨与讨厌的!

如果真是这样，亲爱的"孤独的心"，你得赶紧"高调做事，低调做人"喽，只有这样，被动的局面才能慢慢扭转过来。

如果你否认了以上的分析，那么，我就觉得你是不是

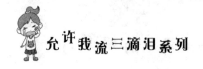

太在意别人对你的看法了？比如，受到一点儿打击，马上就变得小心翼翼的，对每个人都赔着笑脸？

实际上，没必要"装"得一团和气，别人不领情，还把你累个半死。

你完全可以做回真正的自己，高兴时哈哈大笑，不高兴时翻翻白眼，甚至可以吼两嗓子。

在赞扬声中长大的孩子，也要能经受得起一些挫折，不能遇到打击就一蹶不振，或者总是察言观色，或者太敏感而失去了自我。你要好好调整一下自己的心态。

需要强调的是，当被取了侮辱性的外号，并被恶意地品头论足时，你一定要态度严厉地对他们发出警告，必要时，还要求助于老师和父母。

在寻求帮助的同时，你也要改变一下与人相处的方式方法。

希望你像以前那样自信、快乐、阳光，前提是必须学会与人沟通，与人合作，学会表达自己的想法，并让别人接受你的想法，在意你的感受。

👑 成长小测试

如何处理快变味儿的友谊

平时，你是如何对待出现问题的友谊的呢？和好朋友吵了架，越想越生气，这时的你，会选择什么样的晚餐来打发自己？

A. 吃比较舒服的。

B. 讲究色香味。

C. 吃比较麻辣的。

D. 强迫自己吃那些不喜欢吃的。

选项分析

选择A：心里早就后悔了，但还死要面子。与其苦等，不如主动求和。

选择B：想忘记却很难做到。只好由时间来冲淡那忧伤的记忆了。

选择C：赶紧找点儿事做转移注意力。

选择D：一旦受伤，马上进入戒备状态。但这样更容易激起矛盾，不利于和好呀。

难以启齿的道歉

　　这两天，我心里总是不舒服，都是因为我们班的张京。事情还要从上学期的一天说起。

　　上午上课的时候，他说话，我告诉了老师。下午放学后，他就截住我、威胁我，质问我为什么管闲事。直到见我哭了，他才放我走。

　　这分明是欺负人嘛！怎么办？

　　告诉老师吧？不行，那样，他会变本加厉地给我颜色看了。

　　可我的眼泪也不能白流啊，我要让他付出代价！

　　终于，机会来了！

　　张京，这回有你好瞧的了！

做个内心强大的好孩子

星期天中午，我趁家人睡午觉的时候，拿起一个布袋子，偷偷溜了出去，直奔村外的麦地。

这时正是春夏相交的季节，小麦已经尺把高了。我见四处无人，就将麦苗连根拔起，一把、两把……就这样，不一会儿工夫，我身边已经有了一小堆麦苗了。我把它们一股脑儿全塞进袋子里，一溜烟儿地跑到张京家门口。

啊，真是天助我也！他家大门紧锁，家里没人！

再看看四周，一个人影儿也没有！

当时我心里那个乐呀，哈哈！张京，你受苦的日子到了！

我从袋子中掏出麦苗，从墙外往墙内扔了进去……

张京的爸爸可是个地地道道的农民，他惜苗如命。

有一次，张京拔了一棵禾苗，就一棵！他爸爸知道了，就狠狠地打了他一顿。今天，他爸爸要是看到院子里有那么多的麦苗，还不把他给"吃了"？

回家的路上，我仿佛看到张京爸爸拿起麦苗向张京大吼的样子，仿佛听到他爸爸给他"五指扇"的声音——"啪啪""啪啪"……

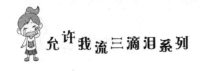

真过瘾！

第二天上学，我第一时间来到班里等张京。

张京果然一脸不高兴，眼里含着泪，腿还一瘸一拐的。

我忙迎上去，假惺惺地问："张京，你怎么了？"

他看看我，眉头皱得更紧了，脸上的表情也更难看了："昨天不知道哪个缺德鬼，往我家院子里扔了好多麦苗，我爸爸回来看见了，非说是我干的。我不承认，他就狠狠打了我一顿。"

同学们纷纷围过来："张京，你没事吧？会是谁这么讨厌呢？真缺德！"

听着同学们的议论，再看着张京含着泪、痛苦的样子，我那幸灾乐祸的劲儿早已飞到九霄云外去了。

哎呀，自己做得是不是太过分了！他固然有不对的地方，可我这个班长也太不光明磊落了。自己不能帮助同学改正缺点，反而干起见不得人的事来。

唉！

碍于面子，我没有说出真相，但我知道，我做了一件不该做的事情。

事后，我几次想向他赔礼道歉，但当站在他面前时，我却怎么也张不开嘴。

新学期开学，张京没有来上学。听老师说他转到城里去读书了，可我这道歉的话，还没有说出来呢。

赵静老师，请您帮我出出主意吧！

钱程 女生 四年级

情绪涂改液

将自己的心事说出来，是不是舒服多了？轻松多了？我想肯定是的。

向老师打小报告这个问题，如果解决不好的话，以后

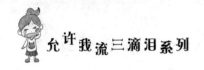

你还会遇到类似的麻烦。我知道很多同学都很讨厌打小报告的人，尤其讨厌喜欢告状的班干部。

其实，男孩儿常犯一些小错误，他们自己却不以为意，即使告到老师那儿，老师也是睁一只眼闭一只眼的。

所以对待张京上课爱说话、说的什么话等问题，都可以由任课老师来解决。如果你真看不顺眼，你也可以课下找他聊聊，把自己的感受告诉他、帮助他。

本来可以自己解决的问题，你却去告诉老师，张京当然特烦啦。并且，这样还会降低你在同学面前的威信哦。

当然，张京也不够豪爽、不够大度啦！

你对张京的"报复"方法，只是小孩儿的一个恶作剧，何况，你也为此付出了心里愧疚的代价。不过，你对那些无辜的小麦苗没有一点儿"怜悯心"，这让我太意外了！

这些小麦苗也是有生命的，它们是农民伯伯辛辛苦苦的劳动成果呀。

张京爸爸为此对张京大打出手，可见他是多么心疼那些麦苗呀，而你，却对它们"单挑一条线，横扫一大片"，你怎么忍心对它们下手？

亲爱的钱程，说了一大堆你的不是，如果你无言以对的话，那就好好琢磨琢磨，我说的是不是这个理儿？"忠言逆耳利于行"嘛。

　　如果你还是想要道歉却说不出口，那就去张京家，打听一下他学校的邮编、地址，给他写一封道歉信吧。不管张京还记不记得这件事，但我敢肯定的是，接到道歉信的张京，一定会原谅你的!

👑 成长小测试

谁是你的"天敌"

　　如果你有机会见到各个领域的名人，如果你还有一次机会和自己崇拜的名人合影，你会找下列哪一位呢?

　　A. 自己的偶像明星。

　　B. 只有在电视上才能见到的大领导。

　　C. 不断接受采访的商业界成功人士。

　　D. 著名的文学家。

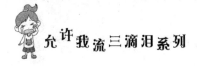
选项分析

选择A：你喜欢往热闹的地方钻，也喜欢听好听的话。被夸多了，你就会有飘飘然的感觉，想说什么就说什么。所以，建议你被夸时，别迷失了自己。

选择B：你这个人什么事都好商量，只要和颜悦色地和你讨论，很快就能把你搞定。如果碰到一个直来直去的人，总是当面说你的小毛病，让你当众难堪，不给你留一点儿情面，这实在是太糟糕了，你会对他记恨在心的。

选择C：你虽然喜欢和各种人交朋友，但是，一旦遇到那种三心二意、犹豫不决的人，你也会马上逃之夭夭的。你喜欢事先约定好，一切都按照计划进行。如果有人半途退出，你会很生气，又不好意思发脾气。遇上这样的人，你只好摇摇头，拿他没办法了。

选择D：你是个自由惯了的人，实在受不了别人紧盯着你的一举一动，所以你的"天敌"就是爱唠叨、爱管你的爸妈。麻烦的是，爸爸妈妈还记性超强，每次都能将往日的过错，一条一条拿出来从头数落起。和爸妈好好沟通是唯一可行的办法。

误会总是难免的

把自己的感受及时告诉对方,

别让误会增加你的烦恼。

有的误会用语言不能解释清楚,

那么就用行动去澄清。

该如何讨回清白

赵静阿姨:

您好!

现在,我有一件特委屈的事情要向您说。

上个星期,我的同桌对我说她的手表丢了。当时我真替她着急啊!桌上桌下找遍了,也没找到。

我对同桌说:"你再找找!"

她说:"都找遍了,也没有找到。"

我说:"你是不是忘在家里了?"

同桌没有说话,我们就各干各的事了。

中午,我的同桌去找老师改作业了。我有点儿渴,就从装饭盒的袋里,拿出水壶。谁知,水壶刚拿出来,我就看见了我同桌的手表。它竟然在我的饭盒袋里。

"啊，这家伙，原来跑到这里了！"我拿出手表，替同桌高兴。

这时，同桌回来了，我赶紧把手表递给她说："你的手表掉到我的饭盒袋里了，给你。"

同桌也非常高兴，就把表接了过去，并对我说："太好了，谢谢！"

同桌的表掉到我的饭盒袋里并不奇怪，因为我的饭盒袋经常放在我们俩座位中间的空档里。可是，坐在我和同桌左边的男生李凯，却打开了他的话匣子。

他对我的同桌说："别听他的，一定是他偷的。"

虽然我有时会把同桌的橡皮、尺子或自动笔什么的藏

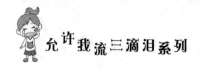

起来逗她玩，但我绝对没有偷过她一件东西呀。

于是，我争辩道："不是我偷的！我也是刚刚才看见的！"

可是李凯却变本加厉地说："就是你偷的！你还不承认！"

这时候，同桌也用异样的目光盯着我。

从她的目光中，我看出了怀疑的神色。

我就生气地对同桌说："你和李凯爱信不信吧，反正不是我拿的，我也不知道怎么就在我的饭盒袋里。难道我看见后就不该还给你吗？"

说完，我开始埋头写作业。

听了我的话后，我同桌的脸上流露出一丝愧疚，而李凯也不说话了。

事情到此就应该结束了，可是过了一小会儿，李凯却又在旁边嘟嘟囔囔："就是你偷的，就是你偷的，就是你偷的……"

我虽然装作没听见，装着不在乎，可我的心里却很不是滋味。

李凯为什么无缘无故地冤枉我?

而且,我并不是打不过他,我好几次都想站起来揍他一顿,可一想,又不愿和他计较。

我不跟他计较,他却老是找我的碴儿,我该怎么向同桌和李凯讨回自己的清白呢?

欧阳逍遥 男生 四年级

👑 情绪涂改液

亲爱的欧阳逍遥,读着你的来信,我跟你一样,心里也不是个滋味,同时,我又特别佩服你,在被误解的情况下,你没有跟李凯计较,真的很有男子汉的气度。

生活中,碰巧的事有很多。

俗话说"无巧不成书"。而"书"里的故事,也大多是从生活中来的嘛。

对于整个事件,你描述得很清楚,而且我也非常赞同你对问题的处理方法:替同桌着急,帮她一起找,还劝她再找找;等一发现手表后,立即向失主说明情况,并及时归还给她……

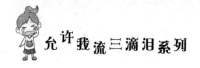

你心里不是个滋味，是因为另外一个同学。因为他在旁边不停地嘟囔"就是你偷的，就是你偷的，就是你偷的……"

这实在是"毁"人不倦呀。也实在让你难以接受！

还好，你的同桌表现得不错，她不仅没有误解你，而且还礼貌地向你道谢了。

她信任你，这一点非常重要，毕竟丢表的人是她。

虽然你打得过李凯，但你又不愿打人，你做得非常对。有时武力的确解决不了问题。

"我该怎么向同桌和李凯讨回自己的清白呢？"

下面的办法，你可以试一试：

如果李凯就是图个口舌之快，故意激你，或者故意逗你，你就别解释了。你越解释，他越来劲。你完全可以不理他，让他自讨没趣。

如果李凯不再顾及你的情绪，还嘟囔着说"就是你偷的，就是你偷的"时，你不妨请你的同桌出面，严肃地警告李凯"不要再瞎说了，这会伤害人的！"

你说过，"同桌脸上有一丝愧疚之情"，所以，请你同桌出来说句公道话，应该也是非常有效的。

如果这种方法还不管用，李凯仍旧在伤害你，或者你同桌也相信李凯的话，那就拉上他和你的同桌去找老师，请老师出面。毕竟谁也不愿背什么黑锅。

总之，这虽然只是一件小事，但关系到品德问题，它就是一个大问题。

大问题出现了，一定要及时解决，只有解决彻底了，心里才会干净与清静，这就是你所说的"清白"吧！

👑 成长小测试

你会打肿脸充胖子吗

你将和爸妈回老家看望爷爷奶奶，最心爱的宠物猫要托人照顾才行。可是，这只小猫的脾气不太好，又怕生，你会将它托给谁照顾呢？

A. 你最好的伙伴。

B. 本市中的亲戚。

C. 为了小猫，都不去奶奶家了。

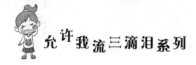

D. 花钱雇人看管。

E. 朋友的朋友。

选项分析

选择 A：如果朋友有求于你，你会根据自己的能力，不会拒人于千里之外，也不会打肿脸充胖子。如果有些事情你做不到，你会干脆拒绝朋友或是对外寻求援助。

选择 B：会把宠物托给自己亲戚的人，一般很看重亲情。如果对方需要你帮忙时，你会尽可能地伸出援助之手的。

选择 C：你一不小心就会变成冤大头！因为你不懂得拒绝别人，也不懂得与人计较，就算吃亏都不会耿耿于怀。因此，你的善良常常会被别人利用，而你却毫不知情。

选择 D：你是一个理智型的人，很少感情用事，就是朋友请你帮忙，你也会冷静地分析一下自己的能力，然后才能给予答复。这样做给人有点儿冷漠的印象。不过，最后，你总是做出让大家都满意的决定来。从这点看，还是很不错的。

选择 E：你是个自我中心主义者，有点儿任性、自私。建议你对人热情一些，真诚一些，多为别人着想一些，很快，你会发现自己的人缘其实也蛮不错的。

害怕同学说闲话

赵静老师：

　　您好！

　　我是浙江省义乌市义亭镇义亭小学五年级的一名女生，我很喜欢看您的作品。"笑容女王蔡波波"里的蔡波波非常可爱、天真。读完您的书，我感觉您是一个比较懂小孩儿心思的作家。

　　我有一件心事，从没向别人讲过，一直埋在自己的心里，在这里，我想向您"求救"一下。

　　我有一个同学，叫姚晨风，他这个学期转学了，我很舍不得他。

　　在学校，我们经常一起玩、一起说说笑笑，一起结伴

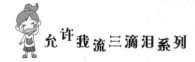

回家。

同学们都说我们俩之间有那种恋爱关系，可实际上，我们之间真的没有什么，只是普普通通的好朋友，只是纯洁的友谊，一丁点儿别的意思也没有，连想都没有想过。很多男女同学结伴回家，也都是好朋友、好同学啊，根本就没必要对我们疑神疑鬼的嘛。

可就因为这事，我们后来变得一见面就躲得远远的，也不像以前那样友好了。赵静老师，男女同学之间不需要这么复杂，对吗？

可我们的班主任祁老师，总是把男女同学之间的友情与爱情弄混。

祁老师问过我："你是不是喜欢他？"

而且祁老师也问了他是不是喜欢我。

我对祁老师说："那不叫喜欢，那叫欣赏。我们小孩儿的喜欢和大人的喜欢不一样。"

不知道祁老师是否相信。不过，无论是喜欢还是欣赏，我都祝他转学之后开心、快乐！

不过有时候见不到他时，我好像又总觉得缺了点儿什么。

现在放假了，见不到他，还真有点儿思念他，但如果去见他又怕同学们说闲话，我该怎么办呢？我现在都快愁死了。

本来我的性格就比较像男孩儿，文静不足，活泼有余，总爱跟小男孩儿一起玩，一起踢踢球什么的，就连我的绰号"亚男"都像男孩儿的名字。

现在，我真是进退两难，不过有时候我也想：走自己的路，让别人去说吧！可是，同学们这样猜疑我俩，我又总觉得自己有些冤枉。

亚男 女生 五年级

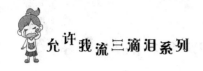

👑 情绪涂改液

哈哈，"亚男"有了喜欢的男孩儿了！

恭喜你，因为这表明你的生长发育非常健康、正常。

如果对异性没有一点儿好感，那倒反而不正常了，是不符合青少年的正常生理发育特点的。只要你不认为那是一件坏事，那么，在对待异性同学方面，也就没有那么大的压力了。

另外，你还要搞清楚的是，对异性同学这种朦胧的好感，并不是同学们认为的那种"恋爱关系"。何况，你本身就是那种具有男孩儿气质的女孩儿呢。

有时你也想见他，但见了面后又躲得远远的。这样会弄得别人莫名其妙，自己也觉得别扭透了。

既然明白了道理，那就和从前一样，与他正常来往就行了。大大方方的，没必要被折磨得六神无主。

恕我直言，有好感正常，但到了见不着面就思念的程度，就该小心了。

也就是说，不能再把这种思念的感情发展下去了。

我们目前的主要任务还是学习，你可以把对异性同学的好感，作为推动你刻苦学习的动力，而不是一直为此心事重重，让它成为困扰你学习的阻力，你说对不对？

最重要的是：你不要和一个男孩儿玩，而是要和许多男孩儿玩，也和许多女孩儿玩，如果是这样，同学的"谣言"自然就会不攻自破了。

而且你一定要记住：千万不能单独和男孩儿相处，要学会保护自己。

另外，还有一件值得庆幸的事情，那就是你遇到了一位好老师——祁老师。祁老师没有请家长，也没有粗暴地当众批评你们，而是低调地、及时地对你们双方进行询问和正确引导。她真是一位好老师呀！

♛ 成长小测试

你会和人聊天吗

有时一个人独处也挺好的。心情很不错的时候，可以无人打扰地再回味一下；心情糟糕透顶的时候，可以慢慢地让心平静下来，让怒气慢慢淡下来。如果不让你独处，而是让

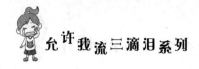

你挑一个朋友来陪你时，你会选择一个什么样的朋友呢？

A．一个听我诉说个不停的朋友，而且他还得极有耐心。

B．一个品学兼优的朋友。

C．一个可以帮自己出主意的朋友。

D．一个很能理解我的朋友。

选项分析

选择 A：你太不会和人聊天了，别人也搞不懂你，不知该和你聊什么。建议和人聊天时，你先说一些轻松话题，有利于双方打开话匣子。

选择 B：你的朋友太多了，什么类型的朋友都有。朋友和你在一起时，也会感到很开心，总有说不完的话题，总之，你的人缘很好哦。

选择 C：你的这种性格，防备心理差，容易感情用事，被人利用而受到伤害。你的这种局限性，可能使你只能交到某一种和你投缘的朋友，但其他类型的人却可能成不了你的朋友。

选择 D：你不喜欢占别人的便宜，你给人的感觉是实实在在的。所以，你的朋友有很多，而且大多是与你相互信任的贴心朋友。

内部出现了告密者

赵静阿姨，您还记得我吗——可爱的"香草 Melody"？

我最近又有了新的烦恼，请允许我再次向您倾诉。

这次，我们班上的几个女生发生了内部矛盾，到了势不两立的地步！

我方：我、丛珊珊、祁晶晶、徐飒梦。

敌方：马尚珠、杜文文、穆依鸣。

产生矛盾的原因：双方喜欢互相说别人的坏话，还喜欢传来传去。

其实我算是中间派（稍微偏向"我方"一些），所以，"敌我双方"经常会找到我，说一些对方的事情，让我评理。

我呢，觉得"我方"说得很有道理，"敌方"做得

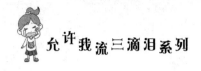
也没有什么错。

一会儿，"我方"大骂"敌方"：马尚珠她们做得太过分了，当着我们的面，议论我们的是非也就算了，最可恶的是，她们还一次又一次地诬蔑与陷害我们。

一会儿，"敌方"也大骂"我方"：你们做得太绝了，我们绝不会放过你们的！

天哪，这是朋友吗？我都被搞糊涂了，搞不清楚到底该站在哪一边。

结果，"敌我双方"都说我和稀泥，没主见。搞得我天天烦死了。

其实，我与"我方"的感情还是很深厚的。

记得前不久，我们还经历过一场"生离死别"呢！

那是一天的最后一节自习课，朱老师叫我们停下手里的作业，宣布了新的班干部、组长和课代表，我听得超不耐烦。

朱老师又说："调一下位置，'香草'（指我，但我暂且用网名吧），你坐到王晓敏旁边去。"

我一听就愣了，怎么回事？难道要我和丛珊珊分开了？我忍不住哭了起来。

丛珊珊递给我一张纸条，纸条上写的是：哈哈，早就想到了会调位的，没事的，别难过，要坚强！

在我们眼里，丛珊珊就是大姐大，是一个会为了保护我们而不惜自己受伤的伪坚强的女孩儿。其实，她也很想哭的，她也不想和我分开。

放学以后，我心里比较难过，就早早地走了。

要在以往，我都会和我的好朋友一起去小吃店吃点儿东西，聊聊天的。

后来王晓敏对我及"我方"的成员说："你们知道吗？是马尚珠把你们分开的，她到老师那里告状，说你们几个

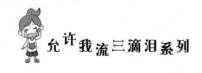

要找人打她一顿。"

丛珊珊大叫道："她笨啊？谁说要打她的？那是她自己心虚！"

我也气愤地说："我之前对她也算好的了吧，又不和你们一起'斜视'她什么的，现在还欺负到我的头上，这我可忍不了！"

祁晶晶说："是啊，谁叫她那么讨人厌啊？最好真的被人打一顿！"

后来马尚珠出来了，丛珊珊冲她骂道："哪有你这样的讨厌鬼！害人啊？"

说起丛珊珊，她对我真的很好。从小到大，一直都在帮我，遇到事情时，也总是安慰我。我们的情谊是那么深，现在突然要分开，谁都会舍不得啊！

对于像我这样的爱哭鬼，那么懦弱，只有被丛珊珊保护，而丛珊珊却没有人保护，真为她难过。

分开以后，下课的时候，我也不想出去玩了，只是一个人在座位上呆呆地喝牛奶，那种孤独寂寞，都是马尚珠造成的呀！

正当我为和好朋友分开而伤心难过的时候，"敌方"内部却发生了"内战"。

经过几天的"内战"后，今天，"敌方"中的一员，偷偷地告诉我："你最信任且最好的朋友（我知道她指的是丛珊珊）利用了你，人家早就不想和你坐在一起了。这可是丛珊珊亲口对我说的。"

我听了非常震惊，但我还是有点儿怀疑，不知道该不该相信"敌方"的话。因为我和丛珊珊毕竟有过许许多多的美好回忆。从一年级起，我们俩就是形影不离的好朋友了。而且，我俩还一起学二胡、吉他、钢琴、古筝……在音乐的海洋里畅游。

可是，到了四年级，她渐渐开始对我不冷不热，我却不知道是什么原因。如果真的像"告密者"说的那样，她不想和我在一起了，那我该怎么面对她才好呢？我真的很想留住这份友情。

阿姨，我的心情糟透了，可能我的文字表达得不到位，请原谅，但请您一定要帮帮困惑的"香草 Melody"。

香草 Melody 女生 四年级

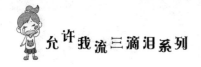
👑 情绪涂改液

亲爱的"香草Melody":

　　你的文字表达不是"不到位",而是太到位了。

　　如果我像看故事那样看你的文字,那我就要大赞你一下了:故事的来龙去脉,简单人物(不是朋友,那就是敌人,多么简单的逻辑关系)之间的复杂关系,被你一层层地"剥开",真的很佩服你的文字功底呀!毕竟,你是一个刚刚上四年级的小女生呢。

　　当我看完最后一句时,我又回到了现实:你不是在编"故事",而是在倾诉,在求助。

　　两帮小女生,不停地斗来斗去,你说我的"坏话",我说你的"坏话",甚至发展到"敌方""我方""告密"等词都出来了。

　　看着你们亲爱的同学之间,由朋友发展到谩骂和威胁的地步时,我也开始烦躁不安,开始眼晕脑袋大……

　　你希望友情仍在?想"敌我双方"握手言和?

　　招数很简单。

比如，"我方"向"敌方"下挑战书：进行一场拔河比赛，或者踢毽子、跳绳比赛……想选哪一项，或者一项一项地来，随便你们好了。

"敌方"不服，就让他们送来"应战书"好了。

"武"的结束了，再来点儿"文"的：朗读比赛。最后评出"朗读女王""选读女王"（就是选的文章最美）、"风度女王""表情女王""好人缘女王"……

还有哪些？你们自己想去好了，我绞尽脑汁，也只能抛砖引玉了。

接下来，还下什么挑战书？也由你们想了，反正像辩论比赛、歌咏比赛、形体比赛、仪表比赛……多的是。

评委就请班主任担任好了，观众和听众嘛，就邀请保持中立的同学，这样能保证公平、公正。

我对此类比赛的预测结果是：刚开始，双方可能还比较"红眼"，就是"你死我活"的那种，然后大家都会在比赛中，整出点儿搞笑的小插曲，于是，双方关系就会逐渐缓和了，再然后，要求参与的同学会越来越多……

结局，当然是"不打不成交"喽！

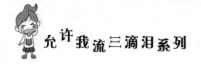

♕ 成长小测试

你有好人缘吗

你的同桌，一不小心将黑色颜料，弄到另一位同学的白色衣服上了，你正好在场，对此，你会发表什么意见?

A. 向老师汇报，看老师怎么解决。

B. 别着急，我替你想想办法。

C. 染上就染上了，没什么大不了的。

D. 老师会帮你们调解的。

E. 糟了，这件衣服至少100块钱呢!

选项分析

选择A：为人谨慎，凡事会三思而后行，但有时会弄巧成拙。

选择B：考虑问题周到，很有人缘。

选择C：有点儿冷漠，不太适合团队合作。

选择D：处理问题凭感觉，比较情绪化。

选择E：遇事急躁，不太考虑对方感受。

好心没好报

　　"喵——"我是一只可爱的"小猫咪"，赵静阿姨，我可是您的铁杆儿小书迷哦。

　　"喵——呜——"我还是一只爱开玩笑的"小猫咪"。可是，有时，我开个小玩笑，常被别人误会，以为我是认真的。其实，我并没有他们想象的那种恶意，我只是开个玩笑而已。

　　有时，我们班同学一起玩得很开心，我也就开了个玩笑，可是玩笑开完了以后，当事人就有点儿生气了。

　　当事人一生气，我就知道玩笑开过了，马上不停地道歉，也想尽办法去补救，可是大家好像都不是很原谅我，后来连我最好的朋友都开始疏远我。

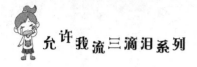

有时，我也喜欢和老师开玩笑。

比如，今天上午吧，班主任问我们："要不要把饮水机里的水烧热？"

我笑嘻嘻地说："不用了，烧热了，几位敬爱的老师就会不停地在教室里进进出出，接热水喝了！"

我本来是想和老师搭搭话，开开玩笑，没有恶意，也没有看不惯老师来我们班接热水的意思，可是，老师却误以为我是不想让他们来接水喝了。

结果"可恶"的班主任，还当着同学们的面批评我，这让我这个一班之长的脸往哪儿搁呀！真是气死我也！

还有一次上社会课。课堂上纪律比较乱，社会课老师非常生气，大发了一通脾气，才把那些捣乱的同学给镇住，我当时很替老师感到高兴。

　　之后趁老师转身往黑板上写字时，我的同桌赶紧给他左边的同学说了一句什么话，老师听见后，非常生气，说："真是一粒老鼠屎坏了一锅汤！"

　　听了这话，我顿时灵感迸发，指着同桌说："啊，真恶心，原来我是跟老鼠屎坐在一起啊。"结果，我被老师当作一只说话的"老鼠"狠批了一通，而同桌对我幸灾乐祸的同时，还跟我翻脸，说我告状的手段挺高明的，还说我多嘴，挨老师批评活该。

　　可是没办法啊，我性格开朗，就是爱开玩笑嘛。常常是有时把人得罪了，自己还不知道。可我实在是刀子嘴豆腐心啊！

　　最让我不能忍受的，就是班中那些捣蛋鬼，经常来招惹我。

　　闹到老师那里，老师倒说我"疯"。我向老师解释，老师还说我"无理搅三分"，并呵斥我："如果你不招惹他们，

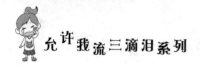
他们怎么会那么爱和你闹呀？他们怎么不去逗别人呢？"

唉！真是哑巴吃黄连，有苦说不出啊！呜呜呜……

本来是想开玩笑活跃一下气氛，可是却总被别人误会，老师也经常对我说，"再不改改这个坏毛病，你这个班长可是没法儿当了！"

哎呀，真是好心没好报呀！我该怎么办呢？真发愁啊！

可爱猫 女生 四年级

👑 情绪涂改液

哈哈，"可爱猫"，你真像一只顽皮可爱的"小猫"哦。

本来开玩笑，活跃一下气氛，增进与老师的亲密关系、加强与同学的友谊，是很不错的哦。但你要明白，并不是什么玩笑都能开的、什么场合都能开的。

如果只图一时口舌痛快，乱说一气，很容易把人惹恼。这时候，你可就乐极生悲了！

相互开玩笑，说明大家处得还不错。但开玩笑前，你要号准大家的脉，弄清楚对方是什么性格，而且知道别人的底线和禁忌在哪里。你开的玩笑，如果总是引起别人的误会，那一定是犯忌了。

开玩笑要看对象，而且要注意老幼尊卑。

老师对你开玩笑，就要保持老师的身份，而你一个学生对老师开玩笑，也要以尊敬老师为前提。

开玩笑还要注意场合、时机和对方的心情。

本来老师在接水的时候，也顺便关心你们一下，问需要不需要把水加热。可是你却当着全班同学的面，嘻嘻哈哈地乱开玩笑，表现出不欢迎老师来接水喝（尽管不是你的本意）。

老师刚下课，既累又口干舌燥，不仅没得到你的关心，反而觉得你太不懂事了——引起老师的误解是必然的了。

总之，开玩笑要以不伤害对方的自尊心为基础，要让对方感到轻松、愉快。

另外，课堂本来是个严肃的地方，老师正为纪律乱而生气呢，你却不合时宜地开玩笑，一是影响了别人的学习，再一次扰乱了课堂纪律；二是在这种场合下，作为一班之

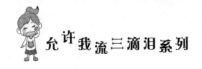

长，你应该对上课说话的同学给予严肃制止，可是，无形中，你却起到了推波助澜的坏作用，老师当然也饶不了你喽。

开玩笑还应注意语言要文雅。

本来老师在气头上骂了一句"一粒老鼠屎坏了一锅汤"就不太好，而你还顺口拿过来"送"给了同桌，同桌当然要不高兴了。

最劣质的玩笑，莫过于当着一大群人的面，拿其中一个人作"靶子"来取笑。即使你能赢来一时的兴奋，可那位为你的幽默而"献身"的同学，却会从心底反感你，甚至当场跟你翻脸。若是想伤害对方或让同学痛恨自己，"取笑"这种方式将具有百分之百的成功率。

除了上述几点外，如果能记住以下的禁忌，你还是可以挥洒自如地开玩笑的。

比如，不要以同学的缺点或不足作为开玩笑的目标，切忌拿别人的生理缺陷或者考试不过关来开玩笑。把自己的快乐建立在别人的痛苦之上，会激怒对方，招人憎恨，以至毁了同学之间的友谊。

开玩笑要掌握尺度，不要大大咧咧，不分场合地总是在开玩笑。

时间久了，在老师和同学面前，你就显得不够成熟踏实，作为班长，就会得不到同学们的尊重，你的威信会降低。在你严肃地处理班级事务时，同学也会跟你嘻嘻哈哈的，不听你的"指挥"，这可就得不偿失喽！

成长小测试

朋友眼中的你

这是目前被广泛采用的一个测试。

1. 你何时自我感觉良好？

    A. 被人赞扬的时候。（2分）

    B. 赞扬别人的时候。（4分）

    C. 听到有人被赞扬的时候。（6分）

2. 你怎样说话？

    A. 急切地说。（6分）

    B. 小声地说。（4分）

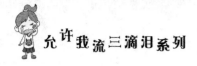

C．漫不经心地说。（7分）

D．低着头小声地说。（2分）

E．很慢地说。（1分）

3．和人说话时，你的动作是怎样的？

A．两条胳膊交叉抱在胸前。（4分）

B．两只手握在一起，不停地搓来搓去。（2分）

C．两只手放在背后。（5分）

D．喜欢边说边拍对方的肩或背。（7分）

E．拽自己的衣角，或抠自己的耳朵或摸自己的鼻子。（6分）

4．坐在沙发上与人聊天时，你的姿态是怎样的？

A．两条腿并在一起。（4分）

B．一条腿跷在另一条腿上。（6分）

C．两条腿交叉不停地摇晃。（2分）

D．两条腿一前一后地放着。（1分）

5．当同学讲了一个非常可笑的笑话时，你的反应如何？

A．哈哈大笑，笑得前仰后合。（6分）

B. 满面笑容，但不出声。（4分）

C. 笑出声来，但声音不大。（3分）

D. 羞答答地微笑，并用手捂住嘴巴。（5分）

6. 当你去参加朋友的生日聚会时，你会怎样进门？

A. 一进门就亮开大嗓门儿，生怕别人不知道你来了。（6分）

B. 平静地进门，和自己认识的人打招呼。（4分）

C. 悄悄地进去，最好别让人注意到自己。（2分）

7. 当你非常专心地做作业时，有人来找你，你的反应会是怎样的？

A. 热情地接待他。（6分）

B. 比较生气，烦他打断了你的思路。（4分）

C. 介于前面两者之间。（2分）

8. 下列几种花，你最喜欢哪一种？

A. 桃花。（6分）

B. 美人蕉。（7分）

C. 菊花。（5分）

D. 迎春花。（4分）

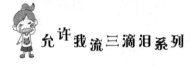

E．紫丁香。（3分）

F．月季花。（2分）

G．白玫瑰。（1分）

9．睡不着觉的时候，你喜欢怎样躺在床上？

A．四仰八叉。（7分）

B．全身放松地趴在床上。（6分）

C．蜷成一团。（4分）

D．拿一条胳膊当自己的枕头。（2分）

E．用被子把自己捂得严严实实。（1分）

10．你经常幻想自己会怎样？

A．有特异功能，能从高处自由落体。（4分）

B．常把对手打趴下。（2分）

C．与一个不认识的人成为好朋友。（3分）

D．像小鸟那样可以到处飞来飞去。（5分）

E．很少出现幻想，和平常一样。（6分）

F．从来都过得很开心，从来没遇到过烦心事。（1分）

选择结果分析

低于 21 分：性格内向，整天愁眉苦脸。

21~30 分：自己不太自信，而且还老挑别人的毛病。

31~40 分：太过于保护自己了，弄得朋友之间很紧张。放松点儿。

41~50 分：对自己非常保护，又非常想冒险，性格比较矛盾。

51~64 分：喜欢招人注意，喜欢探索。

"挨整"的玩具

赵静阿姨，我是"烦恼就像巧克力"的小书迷，我有许多心酸事要向您倾诉。

我们班的男生特喜欢搞恶作剧，而他们在整人时，总是第一个想到我。

他们不是把我的作业本藏起来，就是故意骗我说老师找我；不是往我书包里塞一些废纸，就是往我的脑袋上挂一个小彩条……

对此我十分不理解。

我本来是一个喜欢安静的女生，又没有惹他们，他们为什么要欺负我呢？难道是老天爷不公平？

有一次，一个男生拽我脑袋上的发卡。

这个男生叫朱依伟，是我们班有名的讨厌鬼。他刚开始拽的时候，我只白了他一眼。但不识趣的他，还继续拽。之后其他几个男生也都围过来，嘻嘻哈哈的。

虽然不疼，但他老这样挑战我的耐性，终于把我给惹怒了。我拿起书包，开始疯狂地砸他。

朱依伟看我动手了，刚开始还吃惊地张大了嘴巴。可不一会儿，他，包括围观的男生，就开始野蛮大笑，直到我大哭为止。

看我哭了，他们才打住笑声，并且围着我，七嘴八舌地说："你还哭呢，全然一个'暴力女超人'！"

从此以后，他们每次欺负我的时候，还会倒打一耙，

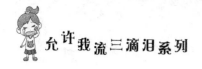

说我这个"暴力女超人"实在不好惹。好像不是他们惹翻了我，而是我暴力了他们。

也许您会说保持良好的心态，不要理会他们。我照做了，但是根本没有用啊！

还有一回，学校的领导找了一个专业摄影师，来到我们学校，拍我们上课时的情形。

开始上课了，所有的同学，都希望把自己最好的一面表现出来。

当老师提问的时候，全班，当然也包括我啦，都举起了手。

当老师点我的名字让我回答问题时，我立刻站了起来。可是，当我看到镜头转向我的时候，却一下子说不出话来了。

同学和老师都看着我，我也在心里给自己鼓劲道："勇敢一些，赶紧回答！"

当我正想说话时，却听到有男生小声地说："暴力女超人！"

全班同学哄堂大笑。

唯独我，真是又气又急！

终于下课了，摄影师却对我们老师说："最后那个部分要重拍！"

"重拍？不会吧，我们好辛苦耶！"

"我们得赶紧出去玩一会儿呢！"

"都怪'暴力女超人'。对着镜头说话又死不了，干吗不说呀？"

…………

但摄影师和老师可不管这一套，他们不停地教我们怎么做、怎么对镜头，来来回回重拍了好几次，才放了我们。

于是，那帮男生又开始找我麻烦了。

一下课，他们就围过来，学着摄影师的样子，拿着手机对着我狂拍，一边拍还一边说："看镜头啊，不行，脸板得像块砖，重拍；哭丧着脸？也不行，重拍，快看镜头……"

最令我气愤的是，最近我放在 QQ 空间里的照片，被几个爱搞恶作剧的男生下载了，他们把我的照片丑化了以后，又放回到了网上。

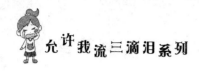
喜欢臭美的我，看到被丑化的照片以后，气得快哭晕过去了。

不光是我的照片，其他几个女生的照片也被恶搞了，她们也都被气哭了。

老师对这些男生进行了严肃的批评和教育，但他们好像并没有放在心上。

我真担心啊，担心他们把用手机拍到的我的照片，也拿出来丑化，再放到网上。

我该怎么办呢？在我的世界里，我是主人；但在他们的世界里，我就是他们的玩具！

赵静阿姨，盼望着您尽快给我回复，告诉我一个不挨整的方法，好让我避免受到不必要的伤害。

孤单小船 女生 三年级

情绪涂改液

亲爱的"孤单小船"：

男孩儿喜欢恶作剧，这是天性，只是经常搞到你的头上，让你烦不胜烦。

真是难为了你这个喜欢安静的、可爱的小女生呢！

和你有类似遭遇的小女生挺多的。据她们向我透露：那帮男生就那副德行。如果哪个女生比较招人喜欢，看着比较顺眼，那么，这个女生就要挨整了。

从这一点上来说，你应该微微一笑：哦，原来如此。

所以，他们喜欢捉弄你，并不是因为你好欺负，而是因为这帮臭小子精力太旺盛了。加上学习压力又大，他们总想找点儿乐子，发泄一下超级旺盛的精力，也释放一下压力。

如果你能包容，那就和他们一起乐一乐，也就没什么大不了的了。

如果他们做得太过分了，你实在厌烦他们，不想再包容，也就是不想再忍受了，那你就得采取一些防御抵抗措施了，毕竟包容是有一定限度的。

只要花点儿小心思，防御和抵抗的办法，还是能想得出来的。

比如，在他们拽你的发卡时，你就很鄙夷地告诉他们：

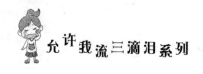

"没见过女孩儿戴的发卡呀？要是喜欢，让我妈，或者让你妈给你买一个戴。"

一句轻飘飘的话，肯定能把他们打得落荒而逃——哪个男生都怕别人说他娘娘腔嘛！

对于"暴力女超人"的外号，你越怕他们叫，他们越叫得欢。所以，当他们再这么叫你的时候，你就严肃地吓唬他们："知道就好，再惹我，可别怪我不客气！一个男生，被一个女生打哭了，面子可不好看。"

至于恶搞照片这样的事，他们都是从别人那里学来的。说实话，他们电脑玩得还不错，只是没用到正道上。

为了避免自己的照片被恶搞，你可以转移他们的注意力。向他们请教一些有关PS照片（用软件修改照片）的知识，可以让他们一起拍些校园的美景、好人好事、球赛现场……

然后，"征求"他们的意见，将他们的作品放到你的QQ空间里，配上文字，再注上"摄影师某某某"。

我相信，那些有了用武之地的男生，肯定会"改邪归正"的。

哈哈，这样一来，他们其实已经在被你"折腾"了，你也自然而然地免于被恶作剧了。

♛ 成长小测试

你的朋友圈有多大

你正在等公交车，一辆小车开过来，司机停下车，伸出头来对你说："嗨，捎你一段吧！"你准备怎么答复他？

A. 看他的样子不像个坏人，他愿意捎，我就搭一段路吧。

B. 招呼等公交的同学一起搭车。

C. 直接告诉对方自己不愿搭他的车。

D. 看都不看他一眼，根本不理他。

选项分析

选择A: 你喜欢交好多朋友，你的朋友也有好多，但是，能聊心里话的朋友却很少。你也容易相信别人，容易上当受骗。

选择B: 你喜欢真心地对待人，对好朋友更是如此。但是，

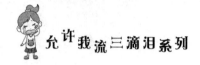

没有多少人真心对你。因为，你比较虚荣，希望朋友夸奖你，欣赏你，总是围着你转，这让朋友很烦你。

选择C：你知道保护自己，也比较善解人意。你的脸上如果能经常挂着笑容，你的朋友会更多一些。

选择D：你对友谊的要求太高，这使你常常感到孤独；你能分清好与坏，对与错，但又不愿接受别人的好心，所以，你过得比较累，朋友和你待在一起也感到累。于是，朋友会渐渐地离开你，而你的朋友圈也会越来越小。

第三章

绯闻需要时间来解决

丰富的体验对一个人的成长,

具有举足轻重的作用。

在辩解不起作用,

也无法解决问题的时候,

也许沉默就是最好的解释。

"故事"中的女主角

赵静阿姨：

您好！

您叫我"霏雨朦朦"吧。我最近考进了实验班，很高兴。

可过了一段时间后，我就开始苦闷了。因为其他班的同学总拿"男女之事"开玩笑，说什么"喜欢""不喜欢"的，而我，竟成了"故事"中的女主角……

事情是这样的。

不知道哪个同学很无聊，在女厕所的门板上写"霏雨朦朦喜欢一班的男生小猪猪（网名）"。

后来，又有人在后面添上一句"我喜欢你们班上的蓝月亮（网名）"。

于是，一拨又一拨的人，拥向女厕所门口，差点儿发生踩踏事件。

趁着没人注意的时候，我偷偷把自己的名字"霏雨朦朦"擦掉，但是，已经晚了，很多同学都看过了。

从那以后，许多同学见到我就偷笑，向我指指点点，好像我真做了什么令人不齿的事情。

唉，郁闷死了，恼火死了！

本来，我天生是个乐天派。刚一开始，我对此事很无所谓，但，事情远比我想得复杂，先是惊动了老师，然后惊动了我的父母大人。他们分别找我谈话。"晓之以理，动之以情"，说我考进实验班，有多么的不容易，要珍惜，

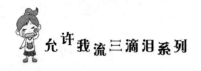

不能"胡来"。

我怎么胡来了？我怎么不珍惜了？就是因为莫名其妙的"绯闻"？

可能是逆反心理，他们越说，我越反感，对老师和爸妈的"谈话"不理不睬。

不明真相的老师和爸妈，并没有就此放松对我的"监控"。

慢慢地，我也受不了了，想找我的"绯闻男友"说一说，毕竟，他也被蒙在鼓里了。可是，那一帮制造"绯闻"的"好事者"，却说我"此地无银三百两"，越描越黑，说什么我和他"单独约会"。

天哪，好痛苦啊！真不知道这是我的无奈，还是那"好事者"的悲哀。

痛苦中，我便经常向我的密友"小芋头"倾诉。"小芋头"却觉得我很无聊，老说这事，渐渐地就和我疏远了。我是一个倔强的人，别人不主动靠近我，我是不会主动靠近别人的。

谁要和我决裂？好啊，我奉陪到底！

最终，我赢了，"小芋头"离不开我，并且用写作文的方式向我道歉，但是，我依旧倔强——不理她。

　　正因如此，我的朋友也很少，有一个，或者两个的。

　　离开了"小芋头"，我本来也没损失什么，只是我越来越觉得自己失去了一个倾诉者。这才是最痛苦的，比"绯闻"还讨人厌！

　　赵静阿姨，事情的前因后果，我想您也看明白了吧？我只是想问您两个问题：一是关于我的"绯闻"，我该怎么办？二是关于我和我朋友的关系，我该怎么办？

霏雨朦朦 女生 五年级

👑 情绪涂改液

亲爱的"霏雨朦朦"：

　　先纠正一下，你失去的不是倾诉者，而是倾听者哦。

　　你成了"绯闻"女主角？呵呵，这说明你很有魅力嘛。

　　回想自己的青少年时代，凡是性格活泼的、长得漂亮的、考试拿高分的……只要有点儿"特色"的同学，都有

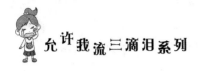

可能成为"男女绯闻"的主角哦。

所以嘛，没什么大不了的事情。

我认为最笨的办法是去找"绯闻男友"说一说——这真是一个糟糕的主意！

亲爱的"霏雨朦朦"，"绯闻男友"都没理这茬儿，你有什么可说的？难怪新的"绯闻"——"单独约会"产生了。

呵呵，就此打住吧，"绯闻"会很快烟消云散的。

当"差点儿发生踩踏事件"时，最好的办法是，你也跟着嘿嘿一乐，然后，当着大家的面说："乐够了吧？疯够了吧？现在，我擦掉了哈，请迅速让神经恢复正常，如果恢复得慢了，影响了你们拿高分，这可怪不了本小姐。"

对于老师和爸妈的"谈话"，如果你不想结束这种"谈话"，那就继续逆反吧；如果你想尽快结束这种"谈话"，你就给老师和爸妈每人发一颗"定心丸"："那是同学的恶作剧，放心吧，只要我不掺和进去，等他们乐够了，疯够了，他们自然就不会乱传闲话了。本小姐还有更重要的事要做，可没时间陪他们玩。

至于密友"小芋头"为什么对你越来越疏远了，你心里很明白——老说"这事"实在是太无聊了！

明白了，就赶紧改吧，把"无聊"变成"有聊"，毕竟，除了"这事"，可聊的话题千千万啊。

如果"这事"是你唯一的话题，恐怕我也要躲着你了。

好朋友之间，除了向对方倾诉外，还要学会倾听对方的心声，这对维护友谊也很重要。"倔强"是性格，但不一定是好性格。

比如，为什么"倔强"地不理会密友的道歉呢？完全可以一笑了之呀，然后，挽起密友的胳膊，一起去运动、去游戏、去读书、去听音乐……

唠叨了一大堆，你应该明白该怎么办了吧？

又及：我也喜欢雾气缭绕的雨季，那会让我觉得很有诗情画意，有时也会让我更加多愁善感。

但是我更喜欢阳光灿烂的春季，那会让我觉得人生是多么的美好！

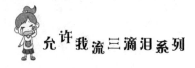

♕ 成长小测试

测测你的魅力指数

吃饭的时候，你最怕听到什么声音？

A. 勺子碰碗碟的声音。

B. 咀嚼食物的声音。

C. 喝汤的声音。

选项分析

选择 A：说明你比较有魅力，但你不太会说话，不善于和人交往，与人相处时会经常冷场。

选择 B：说明你很有魅力，但是，你说话办事有时过于严谨，过于理性，会让人对你有距离感。

选择 C：说明你性格坦率，即使是陌生人，也能很快打成一片，但是你不拘小节，也不太善于修饰自己的外表，这会让你的魅力大打折扣。

"贵妃"总是被骚扰

赵静阿姨，我是一名五年级的学生，因为最近受到的骚扰实在是太多了，才提笔给您写信向您求教。

自从我上五年级以来，那个周杯强就不停说我和秦炎勇之间什么什么的，又说秦炎勇是"秦始皇"，而我是"贵妃"……

秦炎勇是我从幼儿园读到现在的同学，我和他一直是井水不犯河水，老死不相往来的。我就纳闷儿了，我们之间怎么会出现这样的流言蜚语？

可能秦炎勇对我有点儿"那个意思"吧。呵呵，窃笑一下。

今天上午，秦炎勇用红领巾打我的脸，我就与他"战斗"

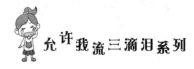

起来了，结果旁边的人就说，打是亲，骂是爱。而此时的我，也哭笑不得。

在今天上午语文考试时，"敌人"陈洋洋用我的涂改液击中秦炎勇的头。

更有可恶的男生，把我的东西丢给秦炎勇，而把秦炎勇的东西又丢给我，太惨了！每当我安静下来复习时，周杯强就总会问我："秦炎勇呢？"弄得我哭笑不得。

更要命的是，周杯强总是时不时地对我说："哎呀，阿菲，人家老勇可是暗恋了你九年了哦……"

我……我才十岁啊。

他后来又说："那就是七年好了，阿菲，老勇暗恋你可是太辛苦了……"

我气得要死，去追打他吧，他就会重重回击；骂他吧，那和前者一样的下场。

唉，我该怎么办呢？赵静阿姨，请您告诉我，我该怎样抵挡这外来的骚扰，好好复习？

注：老师找过他许多次，也叫我不理他，可不理他也不行啊！

雨菲菲 女生 五年级

情绪涂改液

亲爱的"雨菲菲"：

读着你的来信，我笑得不行，特别是读到"我该怎样抵挡外来的骚扰，好好复习？"这句话时，我竟然差点儿晕倒。

呵呵，天哪，"外来骚扰"？"怎样抵挡"？

嗯……咳……实话告诉你吧，如果让我再回到少年时代，或者更具体地说，如果让我回到小学时代，那么"骚扰"

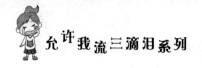

就"骚扰"吧，谁怕谁呀？还抵挡什么呀？

那帮男生，肚子里的坏水可多了，你越抵挡，他们越嚣张；你不理他们，他们倒变得乖乖的，溜之大吉。

从你的来信中，我算是看明白了，他们所谓的"骚扰"，无非是，拿红领巾打你了，乱把你的东西丢给"暗恋"你的人（当然是他们指定的人）了，又把"暗恋"你的人的东西丢给你了，什么"打是亲，骂是爱了"……

真是"骚扰"得一点儿创意都没有——老掉牙的恶作剧，谁不会呀？

"该怎样抵挡外来的骚扰，好好复习？"那我就告诉你喽。如果你觉得很好玩儿，那就保持你现在的态度，哭笑不得地看着他们，就像一个慈祥的老奶奶（请问，你有那么老吗？）慈爱地看着一群调皮的小孩儿，为了引人注意，在不停地闹腾着……想象着你"哭笑不得"的表情，可以猜测出你对他们的恶作剧，也不算太反感哦。

如果你真的觉得不好玩儿，觉得他们好讨厌，那我和你的老师意见一致哦：不要理他们！

你听了以后，肯定会冲我大喊大叫："老师找过他许

做个内心强大的好孩子

多次,也叫我不理他,可不理他也不行啊!"

那我就告诉你:他多次"骚扰",你就多次不理他,看谁坚持得最久。谁坚持得久,谁就是最后的赢家。不信,试试看!

又及:为什么把"骚扰"加上双引号?因为,这种"骚扰",在我看来,就是男孩儿们精力超级旺盛,无处发泄,就只好去捉弄女孩儿了。

唉,如果你能组织他们到球场上打一场比赛,出一身臭汗,估计什么问题都没有了。

♕ 成长小测试

你的人气指数高不高

你有什么吸引人的地方?你的人气指数高不高?回答下列问题吧,很快就有答案了。

1. 你有没有与人分享零食的习惯?

    A. 有。   B. 没有。

2. 你有帮老人或小孩儿提东西的经历吗?

    A. 有。   B. 没有。

3. 你喜欢运动吗?

    A. 喜欢。   B. 不喜欢。

4. 和同学聚会时,你会滔滔不绝,很难闭嘴吗?

    A. 有。   B. 没有。

5. 你喜欢点击明星的网站吗?

    A. 喜欢。   B. 不喜欢。

6. 你会被某一件事或某个人感动得泪流满面吗?

    A. 会的。   B. 不会的。

7. 你坚持遵守诺言吗?

    A. 会的。   B. 不会。

8. 你会货比三家吗?

    A. 会的。   B. 不会。

9. 你的房间是否整洁?

    A. 是的。   B. 不是。

10. 遇到问题时,你害怕麻烦吗?

    A. 不怕。   B. 害怕。

选择结果分析

选A超过8个以上的同学，属于领头羊派，会主动和人打招呼，很有人缘，大家喜欢和你相处；在集体活动中，常扮演组织者的角色，很享受被人信任的感觉。

选B超过8个以上的同学，属于认真派，很守规矩，对别人、对自己要求都很高；很难和个性随意的人成为朋友，也很难与那些违背你原则的人交朋友。缺点是因为有点儿过于拘束，认真派难拥有好人缘。

选A与选B相当的同学，属于自然派，和善亲切，虽然喜欢集体活动，但话不多，更多的是观察别人；不会给别人带来压力，但有时做起事来，想起一出是一出，会给自己和别人带来一些不必要的麻烦，而自己还常常糊里糊涂的。

朋友掐架我遭殃

赵静阿姨：

您好！

我一直是您的小书迷哦，我现在遇到大麻己烦了，希望您能给我出出点子。

我有一个玩得比较好的男孩儿萧萧，也有两个女生死党"郁闷天使"和"小久久"，可不知怎的，这俩女生总是和那个男生萧萧掐架。一方打不过另一方时，就拿我来做挡箭牌。可我呢？帮这方也不是，帮那方也不是，我就只好劝架，让他们都平息一下怒火，但他们总是不领情。

每当我和"女孩儿方阵"单独在一起时，那两个女生就说："你总是帮你老公！（指的是萧萧）"

我说他不是我老公，只不过玩得好一些罢了，可她们就是不听。因为这种事，我和她们闹了两次绝交呢！

　　可是，绝交之后，我还是想和她们在一起玩，所以，每次到最后，还是要由我主动和她们和好。

　　最近，我们班有一些同学很八卦，总是把女生和女生很亲密地在一起叫"同性恋"，又把男生和女生在一起回家或上学叫"爱"。

　　我真的很郁闷。尤其是"郁闷天使"和"小久久"，一听别人说某某喜欢我，或者说我们三个人之间是"同性恋"，她们就笑得东倒西歪，捂着肚子喊疼。

　　如果我生气，她们就更是要笑，而且还会边笑边打我，

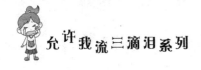

打得我好痛哦。

说来也巧，正当有关我和萧萧的流言蜚语盛传的时候，我跑步的时候不小心把萧萧的脚给踩伤了。

这下可好，全班同学，包括那两个疯丫头，全都不放过机会，抓住这事，好好地取笑我们。

看着萧萧一瘸一拐地走着，我真想对他说声"对不起"，然后再帮他交作业，帮他打扫卫生什么的，以表示我的歉意，可是，在哄笑声中，我只能装着无所谓的样子，装着什么也没发生过一样。

虽然萧萧也没有被踩成重伤什么的，过一阵子就会好了，但我还是觉得内心不安，觉得对不起他。

踩伤了人，连一句道歉的话都没有说，这样做，是不是太过分了？

快要期末考试了，心里乱糟糟的，我可不想考个挨扁的成绩，可又学不进去。

唉，我该拿自己怎么办？拿他们怎么办呢？

小馄饨 女生 四年级

♛ 情绪涂改液

亲爱的"小馄饨"，告诉你一个小秘密，我可喜欢吃馅儿类的东西了，尤其是小馄饨，百吃不厌，所以，一看你的笔名，我立刻心生亲切感了。

呵呵，读了信之后，我才发现你是一个"气极败坏"的"小馄饨"哦，总是被朋友取笑，要搁以前，我和你一样，不气极败坏才怪呢。

你要判断一下你的同学是善意的还是恶意的。

如果是恶意的，你一定要采取措施，向老师或父母寻求帮助，加以制止。

如果是善意的，呵呵，说明你的人缘好，人气高啊！开玩笑就开吧，你就跟着一起乐呗。只要你开得起玩笑，大家才不会认真呢。

再说了，大家的学习压力那么大，不找点儿乐子减压，你的那帮同学还不憋死！

对于某某喜欢某某的起哄，你就学着装傻，反问起哄的同学："嗨，我怎么不知道呢？被人喜欢是好事呀，难道你喜欢被人恨吗？说明咱人缘好呗。"

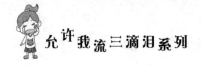

对于不敢帮助"瘸腿"的萧萧，你就大大方方地当着全班同学的面说："对不起啊，把你的脚踩伤了，我不是故意的。但是，你放心，我们班有爱心的同学多的是，都可以像我一样给你提供最好的服务，直到你活蹦乱跳为止。比如，帮你交作业，帮你打扫卫生，帮你拿书包，帮你打饭……"

说完，你再反问全班同学"同不同意啊？"，我想你肯定能得到满意的回答。

呵呵，这样一来，大家我不好意思再说什么了，你也可以专心复习功课，热心帮助萧萧了。

如果你实在什么话也不想解释，那就闭上嘴好了。你只要专心复习，两耳不闻"窗外事"，那么"窗外事"自然会风平浪静——谁愿自讨没趣呀。

如果真有自讨没趣的人，你就学学"郁闷天使"和"小久久"，一听别人胡言乱语，你就和她们一样，要笑得东倒西歪，笑得捂着肚子喊疼，笑得对方莫名其妙，直到他落荒而逃……

哈哈，"我的心情我做主"，理不理他们，考不考挨扁的成绩，还不是由你说了算？

👑 成长小测试

如何应对棘手的事情

以下测试题，每题只能做出一个选择，你对自己应对棘手事情的能力就能有个大致的了解了。

1. 踢球时，你把球踢到旁边一个同学的脑袋上了，这位同学知道你急着要球，却故意抱着球不还，这时你会怎么办？

A. 急得满头大汗，不知怎么办才好。

B. 十分友好地、平静地向他道歉。

C. 爱给不给，不做任何解释。

2. 在班级联欢会上，你没料到被邀请发言，毫无准备的你会如何应对呢？

A. 双手发抖，结结巴巴说不出话来。

B. 感到很荣幸，客气地讲了几句。

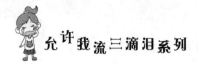

C. 态度淡漠，摆摆手拒绝了。

3. 假如你乘坐公共汽车时忘了买票，被人查到，你的反应是什么？

A. 吓得要死。

B. 不慌不忙地向人解释，并赶紧补上。

C. 强迫自己挤出笑容来，等待处理。

选择结果分析

选A较多：你承受压力的心理素质比较差，很容易失去心理平衡，变得局促不安，甚至惊慌失措。

选B较多：你的心理素质很好，几乎没有令你感到尴尬的事，尽管偶尔会失去控制，但总的来说，你的应变能力很强，是一个能经常保持镇静、从容不迫的人。

选C较多：你的心理素质比较强，性情还算比较稳定，遇事一般不会十分惊慌，但有时往往采取消极应付的态度。

变态的八卦

赵静阿姨，我今年 12 岁，是个少年了，应该不算是您的一个小朋友了吧。

在我的身边，总会有一些关于"情侣"的事情，比如"谁喜欢谁"啊之类的。

我们班有一些同学更是八卦。有的人一见面就追问："你喜欢谁？"或是直接点出姓名："你爱谁谁谁吗？"

要是你不回答，他就借题发挥："不说话就是默认。你不说话就是爱某某啦！"弄得对方面红耳赤，不知所措。

当然，关于我，也有一些绯闻，所以，一听到这些，我就深知当事人的痛苦。

我们班有一些同学居然说我跟谁谁 kiss（亲吻）了。

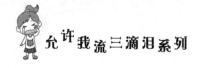

真不明白，小小孩儿，为什么要说这么奇怪的话、这么无聊的话。

关于我的绯闻是这样来的。

我和我们班的一个女生是邻居，所以两家家长经常拼车接送我们上下学。

今天她爸来接，明天我妈来接。这应该是很环保、很便利的事，可是没想到，这事却给我带来很大的烦恼：有的同学总是对我们俩胡说八道，什么"老公""老婆"的瞎叫。

还有更不像话的。有一次，他们居然把我们俩的书包拴在一起，还把她的作业本偷偷放到我的书包里。

我真是气死啦!

我向他们抗议,他们却捧腹大笑。我告诉了老师,可老师说完他们,他们还是老样子。

这还不算,平时上课提问的时候,那位女同学如果回答不出来,就会有一些同学扭过头嬉皮笑脸地看着我。

我真想不通这些同学为什么这么无聊,搞得我都不想在这所学校上学了。

我觉得我们这个年龄的学生,思想还不成熟,根本不懂爱情与责任是什么。我可不想"早熟"。

在别人眼里,我是一个酷酷的男生,恋爱什么的,不符合我的性格。

再说了,学习才是最重要的啊。我的学习成绩可是一直在班里名列前茅的。

唉,活在这些"早熟思想者"的身边,可真不好受啊!

我希望同学们能把时间用在有用的事情上,少说一点儿"爱"呀"不爱"呀什么的。

妈妈说,我们这个年龄出现这样的事情并不奇怪。

可是,传言多了,会不会真的有点儿"那个"了?

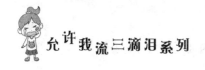

而且，我们班现在流行看言情小说，尤其是女生。

我知道，我们可不适合看这类书，但他们都说好看。
我不知道这样到底是好还是坏。

有时，又很奇怪哦，尽管我知道说谁与谁是"一对儿"，
是"情侣"不好，可我也比较喜欢说这些，觉得好玩儿。
我是不是很变态？

阿姨，我想改，您能帮我吗？

阿姨，您小时候有被人追过吗？或者您追过别人吗？
我想您应该会给我提出一些建议吧！

后街男孩儿 男生 六年级

👑 情绪涂改液

亲爱的"后街男孩儿"，我觉得你不是"早熟"，而
是"成熟"。

呵呵，你的确是一个很优秀的男孩儿。

非常有自制力，知道自己目前最要紧的事是学习，而
且还特别好学。

对于你们班最近流行的话题，我非常同意你妈妈的观点，青春年少，很正常嘛。你可真幸福，有这么一个理解你的妈妈。

如果你也能这么理解，就不会生气了：咱还是很有人缘的嘛，很受人关注的嘛，咱还是开得起玩笑的嘛。

如果你真的不喜欢自己被别人开玩笑，被别人"捕风捉影"，掌握几个"杀手锏"，保证你能甩掉烦恼。

最好装傻——假装听不懂他们在说什么、在说谁。

或者直接打岔，说些别的话题，让那些总想找点儿乐子的人自讨没趣去吧。

也可以装聋——不管他们说什么，你都面无表情。呵呵，谁还愿意和一个"木头人"开玩笑啊，很无趣的。

还可以一笑了之，或者不理不睬，该干吗干吗。反正你的生活你做主，他们爱怎么说就怎么说，不关你的事。

对太过分的朋友，你可以非常生气地告诉他，要是好朋友，那就请尊重我的感受吧，我不喜欢开这样的玩笑。

流行看言情小说？呵呵，我也爱看哦，感觉很休闲的。

好的言情小说，有的描绘的爱情非常美好，令人向往；

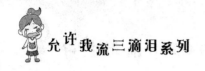

有的特别鼓舞人，让年轻人为了美好的生活而不断地努力奋斗；也有的文笔优美，能提高读者的审美能力、辨别能力……

需要提醒你的是，我们正处在汲取知识的阶段，可读的书很多，名人传记、百科知识、科普读物、神话故事、科幻小说等，真是太丰富多彩了，不能仅仅沉湎于言情小说，而耽误了更需要去读的书哦。

说到"kiss"，这帮小孩儿就是跟电视剧和电影学来的，好奇心强，模仿力强，无知无畏嘛。等他们再长大一些，真正懂得这些话的意思后，就不会再乱说了。

你问我小时候有没有被人"追"过，或者有没有"追"过别人。

呵呵，告诉你吧，当然有了。可我们小时候没有你们这么开放，基本不当众开这类的玩笑，更不会在班上公开流行开这样的玩笑，我们都是私下悄悄地说——和好朋友分享秘密。成绩好的、有一技之长的男生或女生，不管他们长得帅不帅，漂亮不漂亮，总是非常有魅力的哦。

只不过，好感归好感，大家都藏在心里，然后去加倍努力，让自己也变得更优秀一些。

好了，最后祝活在"早熟思想者"身边的你，试试那几个"杀手锏"吧，很灵的!

⚜ 成长小测试

化解尴尬的指数

你有过这样的经历吗? 有人恶作剧把你推进男厕所（女生）或女厕所（男生），或者有时因为走神而走错了厕所时，面对多双吃惊的眼睛，或吓了一跳的异性同学，你会说什么话来化解尴尬?

A. "咦，我走错了? 不会吧! "

B. "嗯，对不起，我没看清，走错了地方。"

C. "啊，哦，我……我要打扫卫生了! "

D. "哦,不要误会,我班里的水桶丢了,我来找找看。"

选项分析

选择 A: 你化解尴尬的能力很强，知道如何回避尴尬，

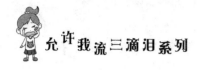

显得很可爱，人缘应该不错。

　　选择B：你化解尴尬的能力极强，直接表达了自己的难为情，能第一时间取得大家的谅解。这种落落大方的表现，会给人留下深刻的印象。

　　选择C：你化解尴尬的能力还可以，大胆、开朗、爽快。你给人的感觉是遇事能独当一面，但有时不懂得示弱，会给自己带来不少麻烦。

　　选择D：你化解尴尬的能力一般般。交朋友你是慢热型的，处理棘手的事时，你是内敛型的。你内敛、安静，甚至有些平凡，时常会处于不安与焦虑之中，但你具有令人舒服的魅力，值得信赖。

5

"留言"表白书

我是个活泼的女孩儿，很少有烦恼，可是自从升入五年级后，我的烦恼渐渐增多了。

我比较外向，经常和男生们打打闹闹，从不拘束，也从没想过喜欢谁、不喜欢谁。可是，最近一段时间，不知道从哪儿刮起了"谁喜欢谁"的风，而且越刮越猛。

一些男生开始信口开河，不但说我喜欢某某人，而且还变本加厉说得很夸张，什么约会呀，赠送信物呀，说得有鼻子有眼儿的。

这事闹得满城风雨，还差点儿惊动老师。

我被这股"妖风"刮得晕头转向，分不清我与"某某人"到底是什么关系，是朋友？还是恋人？

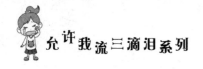

渐渐地，许多同学也都学会了早恋（他们自己认为是，旁观者也这么认为）。其实，在我看来，他们根本就不是早恋，只是有些人产生了误会。

如果哪个女生和某个男生走在一起，或者忽然和同伴谈论起这个男生，那么，很快就谣言四起，传得很神秘。

赵静阿姨，我就是为这样的事而烦恼。

我觉得同学之间应该相互信任，为什么他们要胡乱猜测，胡说八道？

他们这样做有什么好处呢？这不仅伤了同学之间的友谊，还使男女生之间像隔了一道屏障一样，不敢互相说话、聊天、讨论事情，更不敢一起去做游戏、做运动了。

班上像这样的事，不只发生在我一个人身上，其他女生也受过这样的"待遇"。

尤其是我班的班花，她可是受尽"折磨"。像这种事，她经历了无数次，也算是"前辈"了。我和班花是好朋友，无话不谈。我只要和她多待一会儿，保证许多男生来找碴儿。

找麻烦，这就是他们追女孩儿的方法：先欺负她，后来越来越熟了，再告白。这是我这两年来总结的"成果"哦！

记得有一次，班上的同学对我说某某男生喜欢我，叫我回应一下。我很吃惊，但并没有把这事放在心上。没想到，前几天，我翻看同学们在我同学录上的留言时，大吃一惊。

天哪，他们怎么会有这样不约而同的留言？有几个可恶的同学，写了一些不该写的话，真叫我郁闷死了。比如：

某某喜欢你很久了，你为什么不接受他？

某某是真心爱你的，他暗恋你三年了。

请你选择某某，他是你的依靠。

你喜欢谁，告诉我好吗？希望你和某某幸福。

520（我的代号），以后上初中千万别有意中人，因为我喜欢你。

…………

天哪，这是什么同学录啊，简直是爱情表白书嘛！

真没想到，我们班同学的"早熟"已达到这种程度了，真令人难以想象！

周末，我回老家，听妈妈说，前几天，爸爸看到一对儿年龄和我一样大的男女学生，手牵手，看起来很亲密。爸爸看了很生气地说："现在的孩子怎么都变成了这副模样？真

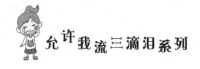

没家教，咱们的孩子如果这样，看我怎么收拾她！"

听完爸爸妈妈的话，我有些后怕。

从此以后，我很少和男生一起出去玩，生怕爸妈知道后会产生严重的后果。

说实话，爸爸从来没打过我，如果是为了这些无中生有的"绯闻"打我，我岂不是"哑巴吃黄连——有苦说不出"了吗？

在爸爸妈妈的眼里，我可一直都是品学兼优的好孩子啊，我可不愿自毁形象，那多不值啊！

所以，我常对自己说不能早恋，大家都是好朋友，我们还没到谈恋爱的年龄，等长大以后再说吧。

阿姨，您对这些事有什么看法？您觉得我做得对吗？

我到底该怎么办呢？

怎样才能使我的同学们个个都平静下来，不再谈那些无聊的话题，用好的心态，去面对快要来临的毕业考？请尽快回信。

开心鹭 女生 五年级

♕ 情绪涂改液

亲爱的"开心鹭"，读着你的信，我一直在笑、微笑、大笑……

你太可爱了，而且你有一群可爱的同学，还有两位可爱的爸爸妈妈。

"我被这股'妖风'刮得晕头转向，分不清我与'某某人'到底是什么关系，是朋友？还是恋人？"

天哪，你居然分不清了？难道这风是"妖魔鬼怪"风？难道这真应了那个成语"弄假成真"或者"假戏真做"？

我本来想狂笑，却又忍了又忍，怕有失体统呀。

呵呵，好在你总算很快清醒了过来："其实，在我看

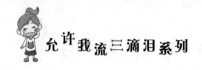

来，他们根本就不是早恋，只是有些人产生了误会。"

"为什么他们要胡乱猜测，胡说八道？"

原因很简单呀，精力过剩呗，跟电视剧和小说里的情节学的呗，没什么大惊小怪的。

"阿姨，您对这些事有什么看法？您觉得我做得对吗？我到底该怎么办呢？"

你做得当然对了，而且，你那两年的研究"成果"也特别准确——小学时代的男生，呵呵，就是那副德行。如果你理他们，他们可就得逞了。

"这不仅伤了同学之间的友谊，还使男女生之间像隔了一道屏障一样，不敢互相说话、聊天、讨论事情，更不敢一起去做游戏、做运动了。"

如果你觉得这样的事情，严重影响了你们的学习和生活，那就得赶紧刹住这股风气了。

方法多的是。比如，不理睬那些同学的"胡乱猜测"；男女生别单独在一起；干什么都是男女生集体行动……

对于同学录，你完全可以和你的好朋友班花一起，在那些文字旁边，配些可爱的、搞笑的插图，或者写一些心情文字。好好留着它们吧,我敢肯定地告诉你,长大后,它们都将是你美好的回忆哟。

另外,你的爸妈太可爱、太有智慧了!他们的精彩对话,被巧妙地传到了你的耳朵里,果真起到了警醒你的作用啊!

不过,你是个乖乖女,不愿"自毁形象",愿意和同学一起,好好地迎接考试,就说明了这一点哦。

该怎么做,就怎么做吧,我完全赞同你的做法,我也非常相信你处理问题的能力!

♕ 成长小测试

有人背后讲你的坏话吗

你想对自己有一些了解吗?请回答下面的问题吧。

班级里,如果分组进行蒙眼作画的游戏,你希望和谁分到一组?

A. 很活跃却喜欢偷懒的人。

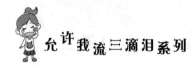

B. 能出好点子而且很坚持的人。

C. 画画能力强而且比较傲慢的人。

D. 自己的好朋友，但他的人缘不太好。

选项分析

选择A：有人认为你为了出风头而不顾别人的感受，因此会讨厌你。多为别人着想一些就可以了。

选择B：有的同学会认为你有点儿嫌弱攀强，从而对你不满。态度放谦和点儿就可以了。

选择C：合作中你怕失败，怕被别人笑话，偶尔还会有点儿小偏执。有的同学受不了你时才会偶尔议论你的。放松点儿，随意一些。

选择D：无论你的朋友怎么样，你都不离不弃，说明你比较重情义，同学们会因此对你有好感的。但在合作中遇到问题时，有的同学会担心你偏心。

第四章

好朋友也有翻脸的时候

好朋友的定义是：

你开心，他和你一样开心；

你发愁，他和你一起着急。

对可交往的朋友，应该肝胆相照，

对于不必交往的人，要主动避而远之。

不甘心的"便利贴"

　　我和小樱是好朋友，但有时候在学习上意见不统一，或者我不屑于她崇拜的偶像时，她就不高兴了，总想让我什么都听她的。

　　我也是个有主见的小女生啊，就这样做个"便利贴"，我实在不甘心。

　　有一次做数学题时，遇上一道应用题，我说应该这样做，她说应该那样做，最后她争不过我，就干脆两天没有理我。没办法，我只好找她道歉，她才消了气。

　　还有一次，班上的女同学凑在一起，对韩国明星李英爱评头论足时，我随口贬低了李英爱两句，她立刻就气得拿眼睛瞪我，然后用脚踢开凳子，跑掉了。李英爱是她的

做个内心强大的好孩子

偶像。

虽然我觉得我没有错，但为了友谊，我又一次主动找她道歉才算和好。

这些我还都可以容忍，可是这几次单元测验，每次考试分数我都超过了她，结果她极不高兴，一天到晚对我爱理不理的。

像这种情况，我总不能找她说"对不起，我不应该比你考得好"吧。

我没道歉，但却几次躲在被窝里哭得惊天动地，泪水足可以装满一个大鱼缸了。前几次，分明是她的错，我也

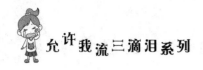

低声下气地说"对不起"了，但这次我决定不说了。

最后她终于憋不住了，下课时让人带给我一张纸条。

我心中暗喜，心想，这次她可能知道是自己太过分了，后悔了吧。

谁知道展开一看，纸条上写着："对不起，我们一年来的友谊在今天就断了吧！从今以后，你就是你，我就是我。"

我这次真的有点儿生气了，心想：断就断了吧，谁怕谁呀！

于是，我把纸条撕了，扔到了垃圾篓里。

结果，到了快要上课时，她又递给我一张纸条，上面写道："我刚才提的断交，是因为我太生气了，把我们以前的友谊都给忘了。现在，我们还能再好起来吗？"落款是"你曾经亲密无间的好朋友"。

我歪着脑袋想了想，就给她回了一张纸条，纸条上写的可不是"同意和好"，而是写着："你以为我是想甩就甩、想和好就和好的人吗？以后我们就不要做朋友了吧！"

现在，我把全班的同学当成朋友，对她也是朋友，只不过不是好朋友罢了。

虽然我仍希望与她成为好朋友，但我决不主动道歉，也决不主动求和。

拖下去吧，看"时间"如何解决这个问题。

赵静阿姨，我想问一问您，我这样做对吗？您能开导开导我吗？为什么她想甩我就甩我，想跟我和好就跟我和好？我真的不明白。

笨笨羊 女生 四年级

👑 情绪涂改液

"笨笨羊"，其实你一点儿也不笨嘛，很重朋友感情，对朋友很宽容，总是主动找朋友和好，这都说明你是一个比较大气的女孩儿。

的确，友谊出现了裂痕，对女孩儿们来说，可不是件小事。比如你，每次和朋友发生矛盾之后，你都会自责，经常想着用什么方法主动跟朋友和解。

虽然这次闹别扭后，你下决心不主动找她道歉，但是，你心里还是想和她和好啦。这种纠结，很影响你的学习和

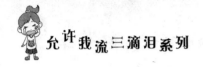

生活，我都替你苦恼了。

"时间"不仅解决不了你们之间的烦恼，而且还会加重你们之间的裂痕。

拒绝朋友的"求和"，你问这样做对吗？我觉得对，又觉得不对。

如果不是你的错，你即使跟她主动和好，也用不着跟她说道歉的话啊，这样显得你没有主见似的，而且还助长了好朋友的"坏脾气"。

你可以告诉她，学习上的交流与争论太正常了，没必要为此生气，都是为了探讨学习嘛；至于偶像问题，那更是"萝卜白菜，各有所爱"了，没必要她喜欢谁，好朋友也必须喜欢谁，为这样的小事伤了和气，实在不值！

遇上什么不开心的事后，就说断绝关系，一会儿心情好了以后，又想和你"好起来"。其实你的这个朋友也蛮可爱的，可能她觉得跟你的关系很"铁"、很"瓷"，才会对你耍点儿小性子吧。

你呢，就善待对方的小性子吧。事后，你可以跟她讲道理，还要提醒她千万不要习惯于忌妒，因为它是友谊的

"天敌"，它的出现只能断送友谊，你们应该携起手来，比着进步，实现"双赢"。

记住，"时间"是解决不了你们之间的烦恼的，因为实际行动本身，要比胡思乱想、浪费时间有效多了。

🜲 成长小测试

第一印象很重要

与一个陌生人见面时，你会看对方身体的哪个部位？这非常重要，它决定着你能否被对方牢牢地记住，或者被对方看一眼就很快忘掉。

A. 直接看对方的眼睛。

B. 从上到下将对方打量一遍。

C. 只看对方小腿以下的部位。

D. 低着头看自己的脚尖，或者目光从对方的肩膀穿过去，看对方身后远处的东西。

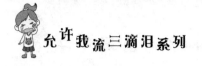

选项分析

选择 A：你很自信哦，但老盯着人家的眼睛，会显得不礼貌，最好间隔一会儿，就把目光挪开一下。否则，人家只会记住你咄咄逼人的目光，对你的好感全跑掉了。

选择 B：你给人的感觉很温和，很沉稳，你看人时，会让人很舒服，也很有礼貌，初次见面，你给人留下的印象应该是很好的。继续保持。

选择 C：用这种方式看人，会让对方不知所措，而且对方会觉得你这个人太没礼貌了，真是烦人，真不想和这样的人打交道。这么一来，你留给人的当然是不太好的印象了。建议你向选 A 和 B 的人学学吧。

选择 D：你给人的感觉是很羞怯的，一点儿都不自信，都不敢看人，对方都不知道该怎么和你交流了。你得赶紧变得落落大方起来哦，赶紧融入集体吧，否则，好机会就从你身边悄悄溜走了。

两只翻脸的"刺猬"

赵老师，您好！初次给您发邮件哦，虽然您不一定能及时查看，但我的心里话只说给您一个人听哦，希望您能帮我想想办法。

我读过您写的书，觉得您非常厉害，能了解我们小孩儿的心。

我是班里的班长，现在上六年级。

刚开学的时候，学校要评选大队委，老师要我参加竞选。很要强的我心想，要么不去竞选，要去竞选，就一定要成功。

经过我的精心准备和努力，最终，功夫不负有心人，我被选上了。

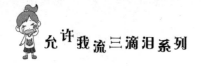

从那天开始，我的一些要强的朋友就都不理我了。

有一次，我去给老师帮忙，回来的时候，正好遇见她们，却发现她们在说我的坏话，而其中还有我曾经最铁的哥们儿柳逸。

和柳逸闹翻，最令我难受。她可是我好朋友中最要好的。

我们经常吵架的原因，我觉得有三个。

一是我们的性格非常相近。我是个很要强的人，可是，偏偏她也很要强，很有主见，很自我，自尊心超强。

我们俩，就像两只"刺猬"。

有一次，我和她闲聊，聊的是关于"音乐风云榜"的话题。

刚开始，我们聊得很开心，可是，聊着聊着，就有了不同的意见。她要把自己的观点强加于我，而我却坚持自己的意见。

她见我不顺从她，就冲我破口大骂："你这个大笨蛋、大猪头！"后来，又说了一大堆类似的难听话。

气死我了！

　　脾气也不好的我回了她一句"你神经病呀"。

　　此后的几天里，我们一直在冷战。准确地说，是她在对我冷战。

　　二是我比她学习好，成绩在班里是数一数二的。她因此非常忌妒我，总是在同学们面前绕着弯儿地说我的缺点，好像要把我"消灭"掉似的。

　　三是她的心眼儿特别多，处处欺负我，总想故意让我出丑。因为她，我在班上的人缘变得越来越坏。

　　还有，她特别不尊重我，每次我和她说话的时候，她总是扭过头和别人说说笑笑，对我爱理不理的，她其实是故意这样做，好让我难堪。

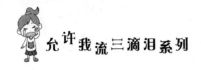

更要命的是，我们家和她们家的房子买到一块儿了，以后初中、高中也要在一起上，分不开的。

明天，我该怎么去面对柳逸？我也不知道该如何面对其他的好朋友，但是我还是希望我们还能做原来的知心朋友。

唉，一想到这些，我都烦死了！

蓝月 女生 四年级

👑 情绪涂改液

亲爱的"蓝月"，读着你的来信，我差点儿笑翻在地。

我可没有讥笑你的意思啊，只是你的描述太生动了，以至于我的眼前，真的慢慢幻化出两只小"刺猬"来。

她们每天都披着一身的刺儿，相互之间龇牙咧嘴，还不时地唇枪舌剑：你挑我的毛病，我揪你说话的漏洞……

每当累得筋疲力尽的时候，两人这才偃旗息鼓，各自躲到角落，后悔与难过去了……

然后，你道歉，我不理，我道歉，你又不理了。呵呵，你们这两只"刺猬"呀，真的是不能靠得太近。近了，相互会扎着；但是，又谁也离不开谁，因为离开了，到哪儿去寻找这种斗嘴怄气、然后还能再和好如初的朋友呀？

据我判断，你们的友谊，应归于"刺猬"般的友谊。也就是说，是属于针尖对麦芒的友谊。

只不过，维持这种"刺猬"友谊，要把握好分寸。如果随便乱"扎"，最后的结局，就不是享受乐趣，而是伤痕累累了。

首先，你和你那些要强的好朋友，包括柳逸，都不能听信"坏话"。既然都是要强的、锋芒毕露的人，那就当面锣、对面鼓地问个明白得了。

其次，当了大队委，更要大度一些，更要注意方式和方法，这样才能让人服气呀！要学会幽默，学会给自己找个台阶下。这是一种智慧。

要强的你，聪明的你，赶紧去学学这两招儿吧，肯定能迅速化解误会或矛盾。

另外，好朋友一大堆，才玩得爽嘛，没必要一对一的。尤其是大队委，同学们都应该是你的朋友，你要加强班集

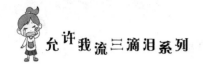

体的凝聚力，这样才能显示你的工作能力啊。

人长大以后，总会怀念起往日时光的，当年的吵架和恼气，都会成为美好的回忆。因为，在吵闹中培养出的童年友情，就像从岩石缝里钻出来的花花草草，是多么令人珍惜呀！

♛ 成长小测试

友情面面观

想知道你对友情的态度吗？赶紧做做下面的题测试吧。你与小伙伴去爬山，一不小心走失了，你找不到他，他也找不到你，最后你会采取什么行动？

A. 找一个可以休息的地方，等待小伙伴来找你。

B. 开始按照爬山的路线寻找，并决定一定把对方找到。

C. 不相信对方会出什么问题，所以，一边慢慢闲逛看风景，一边等待小伙伴的消息。

D. 有点儿害怕，赶紧报警，请警察叔叔帮忙找小伙伴。

做个内心强大的好孩子

选项分析

选择A: 你需要一个人缘好的朋友，帮你和这个小伙伴建立一个良好的关系，因为你在与这个小伙伴相处时比较被动。如果遇到他无理取闹，你就会逃避，或者束手无策。

选择B: 你会借友情的名义对朋友干涉过多，使对方难以接受，而你也觉得很委屈。建议你广交朋友，给大家更多的友谊空间。

选择C：你对友情很自信，从不担心朋友会背叛你；但因为过于放松，显得对友情不太重视似的。

选择D: 当友情出现问题时，你总寄希望第三方来帮忙，这个方法不错，但得注意这位第三方的能力如何，可别弄巧成拙。

易碎的玻璃友谊

我有两个非常要好的朋友，一个叫文文，一个叫青青。

我们虽然经常发生小摩擦，但大家都能彼此理解。

我一直以为，她们是我最好的朋友，我们一起上初中，也要一起上高中，甚至大学也要考到同一所学校。

但这个梦想太容易破碎了。

五年级上半学期发生的一件事，使我和文文、青青的感情发生了巨大的变化。

以前我们上学的时候，到了门口都会等着对方一起进教室的。有一天早晨，我踏着轻盈的步子来到了学校。在大门口，我习惯性地回头望望，寻找着文文和青青的身影。

咦，她们俩怎么还不来？

我有点儿着急，在门口踱步，几分钟过去了，还不见她们的踪影，我只好独自一个人进了学校。

　　我一边走一边嘀咕，她们俩今天是怎么了，平时都很准时的呀。但当我走进教室时，却大吃一惊。原来，文文和青青早就来了。她们正说说笑笑，仿佛已经忘了我这个等待了她们一个早上的朋友。

　　我很生气，但强压住内心的怒火，慢慢地朝她们走去。

　　正当我准备开口问青青时，文文一把拉过青青，两个人边说边笑地走了。

　　我转过身，泪水像断了线的珠子一样掉下来。

　　这时，一个熟悉的声音传进我的耳朵："大傻冒儿，还以为谁会等她似的。"

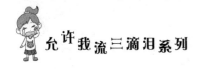

就这样，我们的友谊渐渐地破裂了。

从此以后，我们快乐嬉戏的场面不见了，取而代之的是相互的冷漠。

在我不知缘由的情况下，一段纯洁美好的友谊就这么结束了。

后来我才知道，是因为我有一次和彩云聊了一会儿天，还不到五分钟，她们两个人就因此把我给"抛弃"了。

不知为什么，文文和青青总是讨厌彩云，彩云也讨厌她们。

我和彩云的"聊天事件"后，文文和青青总是不理我。我好说歹说，她们也不吭声。我以为得到了她们的谅解，没想到她们却死死地追问我到底说了她们什么坏话，说出来以后，她们就可以原谅我。

简直不可思议！不到五分钟的时间里，我能说什么？

我又好气又好笑地讲明了事情的原委，她们却说我编故事的能力真强。

友谊是靠几个人共同维持的，当地上长出"杂草"来了，要几个人一起把它们拔掉才行，单凭我一个人的力气，是拔不完的。

一年过去了，我又有了新的伙伴，但那段结束的友谊，却时常浮现在我的眼前。正如一位作家所说的那样：青春的友谊有时像水晶，纯洁而易碎。

我深深感到了友谊的珍贵与朋友的美好。同时，我真的希望文文和青青能心胸开阔一些。

人生的童年只有一次，谁会希望留有瑕疵？但她们的冷漠，却使我非常难过，我真的希望有人能帮我拾回那段丢失的友谊。我要的是原来的友好相处，其他的我什么都可以不要。

萌芽 女生 六年级

👑 情绪涂改液

亲爱的"萌芽"，读着你的信，如同在撕扯一大团乱麻，哈哈，看得我呀，一个脑袋两个大。

如果两个人都是我的好朋友，又都把我气得一个鼻孔朝东，一个鼻孔朝西，我也会很烦的。

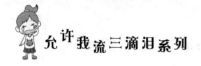

你说得对，没有朋友的日子不好过。

呵呵，你有朋友的日子，也过得不怎么样哦。

的确，小心眼儿像堵墙。纠结的事情越多，这堵墙，也会垒得越高，直到超过自己的头顶。

文文和青青是有点儿小心眼儿，不过，恕我直言，呵呵，你的心眼儿也不算大哦。

就说早上在学校门口等人的那一次吧。准时归准时，但总有特殊的时候吧，所以，你不必怒气冲冲地去质问青青，显得很小气似的。

即使她们对你产生了"看法"，让你有了一丝不爽的感觉，但在没弄清原因的情况下，你也得把不爽掩饰起来，装着什么事也没有的样子（也许真的没什么事）和她们打个招呼，表示自己没等着她们的遗憾和担心嘛。

呵呵，这种做法，肯定比"兴师问罪"效果好。

要想让别人变得大度些，自己也要做一个大度的人哦！你也可以反省一下自己，是不是和这个朋友玩得很快乐的时候，却冷淡了另一个好朋友的存在？要不，她们怎么都会不约而同地认为你对她们"不忠"呢？

不过，文文和青青的确有点儿"小心眼儿"：就因为她们讨厌彩云，就不愿意你跟彩云聊天，这也太过分了吧？

　　我觉得朋友越多越开心呀。今天跟这个玩，明天跟那个玩，也可以大家在一起玩，多好啊！

　　试想，如果文文哪一天生病了或者有事没来上学，那青青不就成了"孤家寡人"了吗？

　　不愿让好朋友弃你而去，那就想办法和好，然后，和她们一起，扩大你们的交友圈子。

　　在和好之后，你还要起个桥梁作用，在她们面前多说说彩云的优点，时间长了，她们也许会放下对彩云的偏见。

　　你还可以组织大家一起做做游戏，开开心心地跳跳皮筋，一起玩个成语接龙什么的……开动脑筋想想吧，当然是越有吸引力越好。

　　把文文、青青、彩云等更多的同学拉进来，不管是"我方"，还是"竞争"的"对方"，只要参与进来就行。

　　好玩儿的游戏一定妙不可言，因为快乐能抵消一切的误解与不满。有那么多快乐的事情需要我们去策划、去实施，嗨嗨，忙都忙死了，哪有时间去"小肚鸡肠"呀！

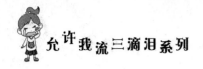

当然，如果文文和青青执意小心眼儿，不肯和你和好，你也不必勉强。毕竟你和她们都有选择朋友的权利。

交朋友的前提条件是信任和包容。如果做不到这两点，那么，强扭的瓜不会甜，勉强维持的友谊，也不会长久。

👑 成长小测试

你会坐在哪个位置

你对班集体是什么态度？你的参与意识强不强？在进行集体活动时，最能看出你的微妙心理。请回答下面这道问题吧。班里要组织圆桌讨论会，大家围坐在一起，兴致勃勃地讨论一些问题。如果是以老师为中心，你将会选择坐在哪一个位置？

A. 紧挨着老师坐。

B. 坐在老师的旁边，或者离老师不远不近的。

C. 远离老师和同学。

D. 哪儿不显眼就坐在哪儿。

选项分析

选择 A：你的自我表现欲比较强，干什么事总希望能给别人留下很深的印象，办事的态度也是非常积极的。不错，加油，但别太张扬了哦。

选择 B：你比较听话，一般情况下不会驳斥别人，是老师和家长的乖乖宝。建议你遇事时自己可以多拿一拿主意。

选择 C：你对什么事都漠不关心，可当大家都不关注你的时候，你又总想逆反一下，以此来引起别人的注意。建议你最好多参与一些集体活动。

选择 D：你平时胆子比较小，性格比较内向，不爱说话，而且感到自卑。再有什么集体活动时，试着让自己往前靠一靠，哪怕不说一句话。时间长了，次数多了，你会觉得，讨论问题时往前凑凑，也没什么大不了的嘛。

4 只是为了你的钱

赵静阿姨，我想请您帮帮忙，我的问题出在"友谊"上面。

以前，我有很多好朋友，人缘非常好。我经常请她们去吃东西、到游乐场玩。

现在，我的学习比较紧张了，就很少请她们出去玩了，而她们也不太和我一起玩了。

有一天中午，我正在班里写作业，我的几个好朋友来到我的面前，对我说："以后，我们不和你玩了。"

看她们严肃认真的样子，不像是在开玩笑。

我莫名其妙，就向她们问道："为什么？"

"不为什么？就是不想和你玩了。"说完，她们拉上

我的同桌，头也不回地走出了教室。

我的同桌姗姗，也是我的铁杆儿密友。

姗姗和我关系最好，好到形影不离，就连去卫生间也要结伴而行。

过了几天，也就是她们向我宣告不和我玩这件事以后，姗姗对我说："我不能和你坐在一起了。"

"为什么？"我心里又吃了一惊。

"因为我的眼睛，越来越看不清黑板上的字了。我得和老师说说，把我调到前面去。"

我们两在班上算是个子高的，的确坐得比较靠后。

我摇着她的胳膊说："没关系，我可以当你的眼睛呀。有什么看不清的，你可以问我。"

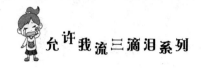

"这哪行啊？老师讲课的时候，我怎么问你呀？这很影响学习的。"姗姗说。

我很不舍地再三表示："你调到哪儿，我也跟着你到哪儿。"

姗姗不耐烦地说："这有什么好跟的？我一个人坐前面，就够挡别人的视线了，再加上一个你，这合适吗？"

为了这件事，我很难过，一直红着眼圈儿。我这个人，一直很重友谊，实在不愿和她分开。

很快，姗姗调到前面去坐了，而期中考试也快来临了。

同学们在老师的带领下，都在积极地做着应考的准备，而我总是唉声叹气，盯着姗姗的背影发呆，根本没办法集中精力学习。

尤其看到她和新同桌说说笑笑的时候，我心里更是难过极了。

后来，一个叫铭铭的同学，实在看不过去，就悄悄凑到我的面前，神秘地对我说："你知道她们为什么不和你玩了吗？"

我不明所以地问她："为什么呀？"

她很同情地看了我一眼，对我说："你好久没请她们出去玩了，她们当然不和你玩了，你以为她们是真的和你玩啊？你真傻，你被骗了，她们跟你玩只是为了你的钱而已。"

　　我生气地反驳她："不可能！至少姗姗不可能！"

　　铭铭的表情更加不屑："也就你不知道了，她到处跟人讲你的坏话，说你的脾气太坏了，动不动就想出风头，就像是一位国际明星似的；还动不动就生气，就像谁打碎了你的宝贝一样。是她向老师告状，死活要和你分开坐的。"

　　听了她的话，我整个人都惊呆了。

　　这些话，姗姗从来没有对我讲起过呀。

　　原来如此！

　　直到现在，我才看清楚她们的真面目。

　　难道友谊就真的那么不坚固吗？我们不是说做永远的好朋友、好姐妹吗？难道她们真的在骗我？

　　我为这些友谊付出了这么多，我们就这样散了吗？我真的很难过。

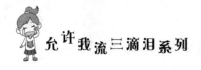

赵静阿姨，您可以帮帮我吗？

柠檬酸 女生 五年级

👑 情绪涂改液

亲爱的"柠檬酸"，读着来信，我可以看出，你是一个非常重感情的女孩儿，很珍惜与朋友之间的友情。

好朋友都离你而去，你也不必难过。因为，你并没有真正失去友情，只是你的朋友暂时"迷了路"，想办法找回来就是了。

好朋友为什么当众宣布不和你一起玩了？同桌加密友为什么要和你分开坐？

这个答案还得你自己去了解、去琢磨，而不要把同学之间的传话太当回事。

小女生之间，总是喜欢闹点儿小别扭，然后和好，再闹别扭，再和好……

而传话者总喜欢图个口舌之快，传来传去，就很容易惹是生非。

最好的办法是，你平淡对待，就此打住，反而有利于"大事化小，小事化了"，从而消除误会，也能让你腾出更多的时间，去好好学习，迎接期中考试。

如果你的好朋友，确实是因为你很少请她们吃喝玩乐而中止你们之间的友谊，那么，这种朋友不交也罢。

如果她们责怪你只顾学习，没有时间陪她们玩，你向她们解释一下就行了，真正的好朋友会理解你，并向你学习的。

对于你的同桌加密友，你可以直接找她单独谈一谈，向她表达自己的心意，还希望能和她像以前一样亲密无间，关心一下她最近不如意的事情，或者自己什么地方伤害了她。

如果她也和你一样，是一个非常珍惜友情的女孩儿，只要你表达诚恳，方式得当，她一定会给你一个明确的答案的。

如果你的同桌加密友，真的不希望继续维持这段友情了，你也不要勉强。因为，强扭的瓜不甜，友情是建立在相互尊重的基础上的。

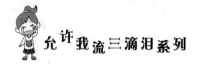

在我看来，真正的朋友，应该当面把缺点指出来，并督促对方改掉; 真正的朋友, 应该相互分享快乐, 分担痛苦, 然后一起忘掉烦恼，开始寻找新的快乐。

你要做的是从这件事中吸取教训。只要真诚，你一定会获得真正的友谊的。

👑 成长小测试

如何应对翻脸的好朋友

如果有一天，因为某事，你的好朋友和你翻脸了，你会为此发狂吗？你会为此去恶毒反攻吗？回答以下问题，测试一下自己的状况。

放学的路上，当你看到自己的好朋友（最近因为某件事你们闹翻了）遇到麻烦时，你会怎么办？

A. 什么也不说，赶紧跑过去了解情况。

B. 招呼一大帮人过去。

C. 你站在原地，赶紧想对策。

D. 吓呆了，不知怎么办才好。

选项分析

选择 A：说明你和好朋友闹翻以后，会自己去独立解决的。你很有头脑，遇事也很镇定，这样做，很容易挽回失去的友谊。

选择 B：说明你和好朋友闹翻后，一般喜欢找第三方，或找多方商量解决的办法。在修复与好朋友的关系时，你采取的办法比较谨慎。

选择 C：说明当遇到友谊破裂时，你会独自伤心，不愿与人诉说，只有靠自己去释放痛苦。

选择 D：说明你遭遇好朋友的翻脸后，不愿面对现实，总是不停地找事做，好让自己忘掉不快。

干吗对我吆五喝六的

赵静阿姨，您可以帮帮我吗？我快要烦死了！

姚姚是我最好的朋友，可是，最近，我和她闹翻了，可不是小别扭哦，而是大别扭。

上个星期天，我和姚姚、"棒棒糖""芙蓉花"（全都是网名哦）三位好朋友，一起去另一个好朋友"紫竹叶"（也是网名）家。

几个好朋友好不容易出来放松一下，个个都非常兴奋。

到了"紫竹叶"家，我们拿出各种各样的高跟鞋（紫竹叶妈妈的），大家都试着学模特迈步，笑成一团，乱成一团，高兴得快要疯了。

可是，好景不长。姚姚和"芙蓉花"像女主人一样，对我们另外三个人指指点点，一会儿命令我们替她们拿高跟鞋，一会儿让我们给她们拿水果，倒开水，最可气的是，她们说话的语气和态度十分傲慢。

不信，我学给您听听。

姚姚冲我大叫："嗨，'小街角'（我的网名哦），把那双红色的高跟鞋给我拎来，不对……不对，真笨（不耐烦地打手势），是那双，深红色的那双。"

"芙蓉花"冲"紫竹叶"吼道："你家还有没有高跟鞋了？就这几双呀？真是的，通通拿出来，我全都试一遍。哦，对了，你家的照相机呢，快拿出来……快点儿呀，还愣着干什么？"

…………

要知道，"紫竹叶"才是真正的主人啊，姚姚和"芙蓉花"是不是做得太霸道，太不礼貌了？

真是烦死人了！

我对姚姚和"芙蓉花"说："我们又不是你们的仆人，干吗对我们吆五喝六的呀？"

"棒棒糖"也早已看不惯她们了，就对她们说："就是，

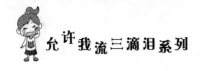

要穿，自己去挑；要吃，自己去拿，都是有手有脚的人。"

唉，是不是让人不爽啊？

更让人不爽的是，我和"棒棒糖"给她们指出来以后，姚姚居然不服气地质问我："那又怎么样？"

"芙蓉花"也双手叉腰，翻着白眼，冲"棒棒糖"大吼大叫："管得着吗？我想怎样就怎样，我愿意！"

要知道，她命令我们也就算了，而"紫竹叶"可是主人啊，也被她们指挥得团团转。最后的结果，不说您也能猜个八九不离十了——不欢而散。

我承认我的脾气也不太好，可偏偏姚姚也非常要强，自尊心超强。她虽然有主见，但有时候太以自我为中心了。

经过这一次的争吵，姚姚只要见我不顺从她，不服从她的命令，就总是骂我大笨蛋、猪头之类的话，气死我了。

于是，我也回她："你神经病啊！"其实，我也知道这样说她，我也有错。

就这样，我们之间的冷战开始了。

这一周，语文老师叫我和姚姚、"紫竹叶"一起改一个课本剧。

　　姚姚居然因为和我吵架了，就把活儿推给"紫竹叶"，自己啥也不干了。

　　更可恶的是，她还在背后说我的坏话。

　　虽然不完全是我的错，但终究我也有错，所以，为了和好，为了一起改课本剧，无可奈何的我，就低三下四地向她道歉。

　　这个臭丫头居然不领情，冲我翻翻白眼，不理我，甩下我一个人，径直走了。

　　我再次怒火中烧，也气呼呼地走了。

　　可是没想到，后来姚姚这个傲慢的家伙，又回来找我道歉。气鼓鼓的我，脑袋一昂，学着她的样子，拒绝了她

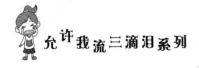

的和好请求。

可是……可是，阿姨，我虽然表面那个样子，内心还是想跟她和好呀。我晚上也曾试着给她打电话，她却在电话里骂我"假清高""玩弄友谊"，还没等我解释，她就挂了电话。

我虽然也很恼火，但真的不想失去姚姚这个朋友，何况她是我最好的朋友。

姚姚是那么的可爱，可她也真的很倔耶，我的心真的凉了，我也没有办法了，唉，该怎么办呀？我后悔死了，烦死了，烦死了！

小街角 女生 五年级

♛ 情绪涂改液

亲爱的"小街角"，读着你的信，我仿佛看到一个愁眉不展的小女孩儿，站在街角，一会儿唉声叹气，一会儿捶胸顿足，一会儿怒气冲冲，一会儿又横眉冷对，一副时而无助、时而强势的样子。

看着你这么纠结，我忍不住笑了起来。呵呵，多像小时候的我呀！

小时候，谁没有三两个比较铁的死党呀。可是，朋友关系再铁，也有吵吵闹闹的时候。

为不同的意见吵得不可开交，为各种误会冷战几天，当然也会嘻嘻哈哈地打闹成一团……

吵架的时候，真的很冒火，冷战的时候，也真的令人寝食不安呀。可每当和好的时候，那心情别提有多高兴了，觉得天也更高更蓝了，脚步也更轻更快了。

试着想一想，如果没有前面的争吵与冷战，哪能有机会体会和好的快乐与甜蜜呢？

嘿嘿，小女生之间的游戏，谁小时候没玩过呀！

什么"假清高""玩弄友谊"，都是从大人那里学来的字眼。也许姚姚说这些话的时候，根本就没有明白"清高"和"玩弄"的真正意思。

说了这么多，就是想告诉你，好朋友之间闹别扭，都是小别扭，没什么大不了的，这是你和你的好朋友，也是天下所有的孩子，在成长过程中的必修课。

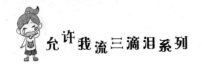

　　既然吵架是成长过程中的必修课，那么我就悄悄告诉你与好朋友和好的几个小招数吧。

　　指出好朋友的缺点时，一定要给她留面子，不要一本正经地指责，而是开着玩笑地劝导她。还可以嘻嘻哈哈地学着她的样子，冲她指手画脚。她知道你的意思后，肯定会不好意思而收敛一些的。

　　当面道歉或者打电话，也是一种和好的方法。一句"对不起"，有时具有很神奇的力量。

　　如果你觉得自己的面子薄，说不出"对不起"三个字，那就采取间接示好的方法吧。比如，当朋友忘了带学习用具时，你就赶紧借给她；打扫卫生时，你帮她一把；有好吃的零食，和周围的同学一起分享，别忘了你的主要目标哦，顺势就可以分给她了。至于结果会怎么样，你试一试就知道了。

　　还有，你还可以通过第三个好朋友去说和，参加集体活动时，主动要求和她分为一组。

　　总之，和好的办法有很多，得看具体情况。

♛ 成长小测试

友谊出了问题怎么办

你和好朋友闹了别扭，虽然心里后悔，但也不会道歉。心情复杂的你，将面临失去友谊的危险，你将如何面对困境？

A. 立刻给好朋友写信，表示歉意，试图挽回友谊。

B. "挥剑斩友情"。朋友多的是，一点儿也不用在乎。

C. 不理就不理，该干吗干吗，尽快忘掉不愉快。

D. 想尽一切办法，寻找一切办法，搞清楚谁是谁非。

E. 顺其自然，能和好就和好，不能和好就算了，没什么大不了的。

选项分析

选择 A：你比较固执，能为友谊付出，但因为你不太顾及别人的感受，所以你的付出也未必能得到回报。建议你多了解朋友的需求，然后再考虑付出。

选择 B：你可能不是真心喜欢这个朋友，或者你不善于表达自己的友好。这样容易失去真心对你的朋友。

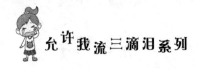
选择 C：你是个老好人，不懂得掌控人的心理，也不太讲原则，所以，你不会获得更多的、真诚的友情。

选择 D：只要不出原则性的问题，你更在意的是"情"，而不是"理"。建议你在一些鸡毛蒜皮的小事上，不要一厢情愿地搞个清清楚楚。或许，你还要反思自己是否交上了不该交的朋友。

选择 E：你比较自卑，不愿被人欺负，却又不会处理问题；你对纯洁友谊要求很高，却又常处于纠结之中。一旦友情出了一点儿问题，你就会轻言放弃。建议你一旦认定目标就要坚持到底。

第五章

忐忑难安的背后隐情

沉湎于懊悔，

表明你对改变自身并不热衷。

我们不能原谅他人，

是因为内心存在恐惧。

号啕大哭的隐情

自从进入五年级以后，不知怎么回事，芝麻大的小事，就能把我气得泪流满面或者号啕大哭。

每天早上呼吸着清新的空气去上学，应该心情很舒畅，可是大自然赐给的好心情，常常遭到人为的破坏。

每次经过通往学校的那条小胡同时，各种车辆常常堵在那里，让人心急如焚，好不容易挪了点儿空地方，那些低年级学生的家长，硬是拉扯着他们的孩子，千叮咛万嘱咐的，又堵住了去路。

于是，郁闷的我，愤怒地猛按一阵车铃，他们才会如梦初醒，急忙跳开。

可是，就这么短短几秒钟，就能让我紧张而厌烦好一会儿。

真想不通，这些家长在家都干吗呢，不把该说的话全说完？眼看都要迟到了，还堵在那里唠叨个没完！

最近我和同桌也处得不好。

说是最近，其实都有一个多月了。

说起来也没有什么大不了的矛盾，但一件件的小事积累起来，那"矛"和"盾"的分量也就不轻了。

有一次下课了，我坐在座位上，将两条腿平行抬起，伸个懒腰，好爽哦！同桌也学我的动作。

看着她那弓起的"虾米"腰，我笑了笑。

一看我笑了，同桌就更来劲了，也不管我愿不愿听，她就开始对我唾沫横飞，讲她昨晚看到的一部电视剧。她一边讲一边笑，越笑就说得越快，其实，我根本就没听明白她说的是什么。

刚开始，我还强忍着听她的"胡言乱语"，终于，我皱着眉头打断她："你到底在说些什么呀？如果想让人听明白的话，那就把话说清楚；如果不想的话，那就不要浪费口舌了。"

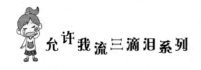

说完，扔下瞠目结舌的她，我跑开了。

真烦啊，她这人怎么一点儿也不顾别人的感受？为什么感觉总是那么良好？

接下来又有好几件事让我好生气。比如，同桌借我的橡皮，用完之后就往我这边一扔，我就非常生气。为什么就不能好好地放进我的文具盒里呢？

类似这样招我生气的事多的是。我说她，她竟然还"据理力争"，冷笑着说我："你怎么那么多事啊？整个一个'事妈'！"气得我都哭了好几次。

终于，我们谁也不理谁了。

在学校不顺心也就算了，回到家里，心情应该会好一些吧，可是，家里一样让人心烦。

一进家门，妈妈不是让我下楼买点儿盐，就是让我帮她晾衣服。她为什么就不体谅我在学校累了一整天呢？要知道，还有一大堆作业在等着我呢。

虽然我心里气鼓鼓的，但还是一一照办了。

刚坐下来做一小会儿作业，我妈就开始不停地向我追问，就像那逼债的债主似的："做完了吗？还差多少啊？"

听着这话，我心里那个气啊，憋在心里就出不来。你想啊，带着气，作业能做得快吗？

于是，我就扔下作业，用被子捂住那快要气炸的脑袋，闷闷地流泪。

最可气的是，昨天晚上，小姑带着两岁的儿子来我们家串门。

本来，闲着没事的时候，我挺欢迎他们的，可是第二天我就要参加小升初的毕业考试了。这次统考虽然比不上中考和高考，但在我眼中也非同小可啊。要知道，我为此已经"头悬梁，锥刺股"好多日子了。

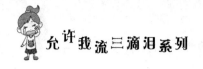

于是，我就从我的房间跑到客厅里，对小姑和她那个玩闹不停的儿子说："你们还是早点儿回去吧，我明天还要考试呢。"姑姑虽然连连说"好好好"，可是她好像跟我做对似的，在客厅里和妈妈又说又笑，一直到很晚才抱着闹够了、熟睡的儿子走了。

我本想静下心来将明天要考的科目再看一遍，然后早点儿上床休息，结果，被小姑这么一闹，一个字也没看进去。

躺到床上，我也翻来覆去地睡不着。

我泪流满面，一边哭一边又想起最近的种种不顺来，最后竟号啕大哭起来，一夜都没有睡好觉。

第二天，我眼睛红肿，头痛欲裂，昏昏沉沉地走进考场，结果可想而知了。

我就想不明白，妈妈和小姑她们为什么那么自私？对我来说那么重要的事情，她们为什么就那么漫不经心地对待呢？为什么我遇到的每一件事情，都那么不顺心呢？如果再这样下去的话，我不会疯掉也会死掉的！

郁郁女 女生 六年级

👑 情绪涂改液

　　美国研究应激反应的专家理查德·卡尔森说："我们的恼怒有 80％ 是自己造成的。"

　　"郁郁女"，冷静地想一想，你也的确如此呢！

　　为有人挡住去路生气，为同桌说话快生气，为来串门的客人生气……几乎生活中的每一件小事，都能令你抓狂。

　　其实，你对于这些小事"耿耿于怀"，是因为你太在乎自己当时的心情了，这才是抓狂的根源。

　　如果以平和的心态，采取商量的方式去解决那些小问题，那就很有可能是另一种结果了。

　　比如说，礼貌地请同桌用完东西要放好，或者用开玩笑的口吻"教训"她："下次用完之后不放好，我就不借你喽，没条理的家伙！"我相信，你的同桌一定会感受到你的友好，并在下一次悄悄改掉乱放东西的坏习惯。

　　还比如，当同桌说得太快时，如果你想听的话，可以请她别激动，说慢一些；如果你不想听的话，可以转移一下话题呀，或者找个借口逃掉。可你却选择怒斥，让同桌感到很尴尬，友谊当然也受到了冲击，真不划算呢。

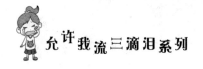

会帮妈妈做力所能及的家务活，又很重视自己的毕业考试，我真的要对你竖起大拇指了。

当紧张的学习与学习气氛不太协调时，你带着暴怒的方式去处理问题，结果，把自己气得躲在房间，哭得昏天黑地，好好温习功课的计划自然泡汤了，真不值呀。

其实，你可以请小姑带着小弟弟到另一个房间去玩呀。或者，干脆直接亲自挽起小姑的胳膊，嘻嘻哈哈地把她"送"出家门，并表示考完试后，再请她们过来玩。我相信小姑肯定会理解的。

人的一生，不可能一帆风顺，人生就是不停地解决一个又一个大大小小的麻烦。

遇到问题时，不要闹情绪，不要老想着纠正别人，让别人对你的不如意负责，而是开动脑筋，想出好办法去解决问题。

其实，好多事情，根本不至于那么令人"恼怒"的——就这么暗示自己，说服自己吧。过一段时间后，恐怕你想生气，都不那么容易喽。

成长小测试

你是否常为小事抓狂

在生活中，你的注意力是不是集中在许多小麻烦、小困难上？你是不是常常为此烦恼？做一做下面的题目，选出最能准确描述你想法的一项来。

1. 排队打饭，当有人拿着饭盆插队时，你会怎么做？

　　A. 劝他别加塞儿，赶紧排队去。

　　B. 懒得理他，别人不管，我也不管。

　　C. 觉得这样的人很让人讨厌，不讲公德。

2. 假期中，好不容易等到喜爱的球赛转播了，却停电了。你会怎么做？

　　A. 赶紧打电话叫爸妈想办法。

　　B. 希望只停一小会儿。

　　C. 很生气，使劲踢沙发。

3. 在班里，发现自己的语文练习册不知被哪位同学拿错了，你会怎么做？

　　A. 发动同学帮忙找找。

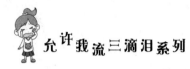

　　B．向周围的同学不停地诉说。

　　C．很生气，在班里大叫着："谁拿我的练习册了？

　　　　赶紧给我交出来！"

　4．有人在自习课上说话，而你正苦思冥想一道数学题，你会怎么做？

　　A．生气地大叫："别吵了！"

　　B．跟坐在角落的同学暂时换一下座位。

　　C．向班干部或老师告状。

　5．在一个拥挤的教室里，发现有的凳子几乎放在走道上了，你会怎么做？

　　A．帮忙把凳子往里放放。

　　B．想踢到一边去，可是没踢，绕过它走开了。

　　C．特别讨厌这些凳子的主人。

　6．跟同学约好第二天去游泳，结果同学来晚了，你会：

　　A．等不及了，直接打电话问情况。

　　B．等会儿就等会儿，没什么大不了的。

　　C．很郁闷，觉得同学不遵守时间。

　7．和爸妈在餐馆吃饭，注意到比你后来的客人先上了菜，你会怎么做？

　　A. 你妈妈很生气，你却劝她不着急。

　　B. 叫来服务员，很烦地问他这是怎么一回事。

　　C. 生气了，非要赌气换一家餐馆。

　8. 前面的车相撞了，小胡同里人挤人，全都堵在那里，如果你急着上学，你会怎么办？

　　A. 把自行车锁在附近，赶紧从人群里挤出去。

　　B. 理解别人，耐心等待交通警察疏散人群。

　　C. 急得直跺脚。

选择结果分析

　　选A得3分，选B得2分，选C得1分。

　　得16~24分：你很少为小事抓狂，心态比较平和。继续保持哦。

　　得9~15分：你会为一些小事而抓狂。仍需努力让心态平和些。

　　得1~8分：你把每件小事都放在心上。要试着让自己放松些！

比"土豆"更倒霉的人

我们班有几个小坏蛋，他们老是嘲笑我，因为我的脑门儿很大。

爸妈说那是聪明的象征，可是我却觉得里面好像装满了糨糊。

我跟班上的尖子生比起来，总是"慢半拍"，有的同学甚至给我起了个外号，叫"土豆"，大概是因为我的脑门儿像两个大土豆吧?

我常常因为这个外号而感到自卑，我真想让他们不要再这么叫我了!

我的同桌比我还要倒霉。她很胖，体重49千克。

每当有人叫她"胖妞"的时候，她心中恼怒极了。但

做个内心强大的好孩子

她告诉我说，她在班里还算是一个文雅的人，如果一动怒，她怕她的"女皇"称号保不住了。

她还向我补充道："那些忌妒我成绩的同学，早就想把我'女皇'的称号给'摘'下来了。所以，我就一直忍、一直忍。我也一直在想办法，既能保住我的'女皇'称号，又能把被骂'胖妞'的奇耻大辱一点儿一点儿地讨回去。"

赵静阿姨，您有什么高招儿，快快告诉我们吧。

天鹅湖　女生　三年级

👑 情绪涂改液

亲爱的"天鹅湖"：

读着你的"烦恼"，我差点儿乐出声来，再偷瞄了周围，还好，没有招来"注目礼"。

为什么乐呢？因为你的烦恼，勾起了我对自己童年的回忆。

小时候，同学们给我起的外号叫"照镜子"，只要想拿我开心，一帮捣蛋鬼就会相互之间故意喊叫："喂，照

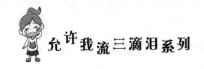

镜子喽！""喂，臭美什么呀，也不照照镜子？"

当然了，这是根据我名字的谐音来起的外号，虽有烦恼，但心里还不算难过。

最惨的是我的同桌，她姓"蔡"。那些小捣蛋鬼老叫她"菜包子"。

想想看，包子虽好吃，但它圆滚滚、多皱褶的外表，多难看呀！为此，我这个同桌小女生，不知被气哭过多少回。

尽管同学们的外号五花八门，不过话说回来，小时候能有几个人没被起过外号呀，否则，那还叫童年吗？

呵呵，我乐的另一个原因是：为这些外号而自卑烦恼，真是太天真可爱了。

我长大之后，有一次，我们老同学相约大联欢。一见面，大家都是喊着当年彼此的外号而笑翻了天，什么"大锛儿头""飞毛腿""馋嘴鸭""书呆子"……

叫得那个亲啊！大家仿佛一下子回到了童年，那些不曾有过外号的同学，心里倒空落落的，而那个曾为外号哭得最凶的"菜包子"，居然成了聚会中笑得最"花枝乱颤"

的一个。

我说了这么多，是想用"过来人"的体会告诉你，有时外号是同学对你的昵称，这可是你童年时代留下的一笔财富哦。

有时是小淘气鬼们的恶作剧，靠起外号、逗你玩来发泄他们过剩的精力。

也可能是带有侮辱和歧视的，但这种情况非常少，毕竟小孩儿都是天真无邪的。

那么如何对待这些外号呢？我觉得要跟着自己的感觉走。

如果你听着挺舒服的，那就甜甜地答应就是了。

如果你听着别扭、有伤自尊，最好的办法就是不理他们，就当跟自己没有什么关系，让他们自讨没趣去吧，几个回合下来，赢的准是你。

另外，你可以告诉你那位可爱的同桌，对"胖妞"这样的外号，还能接受，比较可爱嘛。可是，如果再被叫"肥猪"这样的外号，坚决不答应，它可比"肥猫"难听多了。即使失去了"女皇"的称号，也要在所不惜哦！

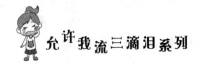

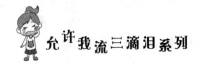允许我流三滴泪系列

👑 成长小测试

遇到伤心事你会做什么

因为没按时完成作业，你被爸妈训了一个多小时，你筋疲力尽只想睡觉，这时好朋友打电话邀你明天去踢球。你说看明天的具体情况再定吧。那么，你希望明天的情况是什么样的呢？

A. 爸妈的心情不错，不再追究你的学习问题了。

B. 爸妈出去办事了，自己在家很自由。

C. 爸妈依然盯着你那一堆怎么做也做不完的作业。

D. 爸妈为谁管你少谁管你多，吵得不可开交。

选项分析

选择A：一遇到伤心事，你就不知道该怎么办，等明白过来是怎么回事后，就想让自己赶紧躲开，躲得越远越好。你会去踢球、玩游戏、听音乐等，以此来缓解一下自己的伤心情绪。但是，你不能一直沉缅于音乐和运动之中，最终你还是得要面对现实，然后才会让自己真正平静下来，开始正常的生活。

选择 B：一遇到伤心事，你总是赶紧去做与此毫不相干的事，而且一直埋头苦干，想以此转移自己的注意力。这样做，虽然能让你暂时忘掉一些伤心事，但这种方法对你好像用处不大，会让你更难过、更伤心。因为，你是一个极重感情的人，注意力很难转移，尽管你做出了很大的努力。不过，从整体上看，你还不到自暴自弃那一步。时间可以冲淡一切。

选择 C：你的内心深处非常脆弱，经受不起一点儿打击，而且还特倔，容易走极端。你好面子，很少在人前流露想法，所以，别人也无从劝你。事实上，别人怎么劝你，你也不会听的，只知道一个人胡思乱想，越想越伤心，就开始不停地念叨。一开始，人们还同情你，可是，时间长了，谁也受不了你了。

选择 D：你比较天真，不相信眼前发生的事，或者指责别人，认为是别人造成了这一切。所以，你的心理承受能力比较弱，无法接受现实。建议你面对现实，理清思绪，让自己冷静下来，别让友情离你而去。

"白眼指数"在上升

"从小就是一个美人坯子,到底是经过舞蹈训练的!"

"哇,瞧那双亮晶晶的大眼睛,看那长长的睫毛,真漂亮!"

……………

小时候,类似这种赞扬,时常充满了我的耳朵。妈妈也常常以我的"回头率"高而骄傲。

其实,比我好看的女孩儿在我们班就有一大把啊。

做完作业后,我总是悄悄地观察她们,琢磨自己。总觉得她们比我更时尚,更有气质,充满着自信,更能吸引大家的眼球。

在老师和同学的眼中,我的钢琴、小提琴、跳舞等才艺样样"拿得起来"。班里有什么活动，学校有什么演出，老师总想让我参加，班干部更是求着拉我排练。但是，每次在我默默无语却又顽强抵抗下，她们无奈地罢手了。久而久之，老师烦我、同学也不爱理我。她们说我太傲气了，一点儿没有班集体荣誉感，太自私……

反正是什么难听的话，都劈头盖脸地甩给了我。

听他们这么胡说八道，我心里那个气呀。

我是太在乎班集体的荣誉，才不愿去丢人的。

比我小提琴拉得好的同学多的是，比我舞蹈跳得好的同学多的是，我哪敢跟他们比试呢？

我的原则是，要做就要做到最好，做不到最好，我就干脆不做。

一下课，女孩儿就爱扎堆闲聊，她们总是对一些当红的歌星、影星评头论足，争得唾液横飞，乐得前俯后仰。

其实，我也有自己喜爱的明星，但我不敢说出来，我害怕跟她们喜欢的不一样，她们会驳斥我，更害怕她们说我的欣赏品位低。

唉，我的辩论口才为什么不是最强的呢？

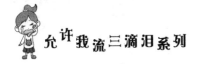

我凭着外语特长，提前被重点中学录取，应该比其他同学强多了吧？这种好事，要搁在别人身上，指不定有多高兴呢。可我就是高兴不起来，因为我知道天外有天，人外有人。

每当心里有那么一点点儿窃喜时，我就非常严肃地告诫自己：比你优秀的同学多的是，你还不是最出色的。

不幸果然被我言中。在进入中学的录取考试中，我在班里只排到了第30名，相当于班上的"中下流"。

终于，孤独的我、失落的我，开始从网上寻找安慰，我要在这个虚拟的世界中让自己成为最好的、最完美的、最令人羡慕的人。但令人头疼的是，一回到现实中来，我又把自己贬得一塌糊涂，老觉得自己一切都比别人差：长得比别人差，考试成绩比别人差，交际能力比别人差……

一想到这么多的"差"，我都快透不过气来了。

不开　女生　六年级

情绪涂改液

亲爱的"不开"，叫着你为自己取的笔名，我就立即联想到了"想不开"三个字。

呵呵，追求完美是人的天性，可是，什么事都得有个度，越过了这个度，就显得有点儿傻了。

比如，爱干净是优点，但变成了洁癖，就是缺点了。

追求完美是享受，可"做不到最好，就干脆不做"，事事追求完美，那就要痛苦喽。

你为什么要过分追求完美呢？那是因为你内心深处，有一种不安全感和自卑感，总是害怕被别人拒绝或否定。

最好的办法是，别太在乎别人怎么看你，做一件事的

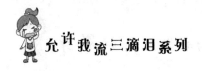

时候，更不要只在乎结果，却不在乎去发挥自己的才能。

如果你总想着让自己成为最优秀的、最完美的人，你就会事事对自己苛求，处处对自己不满。在这样一种心态下，你怎么能愉快地学习并展现自己的潜能呢？

你应该懂得，生活中的每个人都不可能处处优秀哦。在一个高手如云的重点中学里，更是如此。

想明白了，接下来，做一个深吸呼，让自己加入朋友圈吧。该聊天时就聊天，反正也没那么多严肃的事情要解决。闲聊，只为了放松心情，只为了精神愉悦。该比赛时就比赛。反正，比赛中胜败是常事，让别人为自己加油与喝彩，你也为大家加油与喝彩，做一个赢得起，也输得起的人。

过不了多久，你就会发现，你的"人气指数"会直线上升，而"白眼指数"会急剧下降。

♛ 成长小测试

你是快乐的人吗

赶紧做做下面的测试，看看自己的快乐指数吧。

1. 一见到好吃的，就什么都不记得了。

    A. 是的。   B. 不是。

2. 喜欢自由，想干什么就干什么，但就是因为没自由，所以不快乐。

    A. 是的。   B. 不是。

3. 成绩好，就容易快乐起来。

    A. 是的。   B. 不是。

4. 经常会有烦恼，但很快就把烦恼忘掉了。

    A. 是的。   B. 不是。

5. 你喜欢和同学玩各种各样的小游戏吗？

    A. 是的。   B. 不是。

6. 自己是个直脾气，说话不会婉转一些。

    A. 是的。   B. 不是。

7. 你是否喜欢讲一些无聊的笑话？

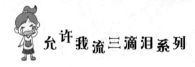

A．是的。　　　　B．不是。

8．希望有一个幸福完整的家。

A．是的。　　　　B．不是。

选择结果分析

如果你选"是的"多于"不是"，那么恭喜你，你是一个快乐的人了；如果你选"不是"多于"是的"，那么，加油，多向"是的"方向努力，很快，你就会成为一个快乐的人了。

后 记

这套书内容的真实性，毋庸置疑！

"小补丁""冷冰雪""小苦瓜""闷心菜""笨笨羊"……信尾署的都是这类怪里怪气的网名。

这些甩掉烦恼的"小补丁"们，很愿意分享他们在成长蜕变中的酸甜苦辣，这是我非常意外，也非常感动的事情。

再与你分享一个秘密，那就是这套书的丛书名，来源于作者与小读者的对话，这也是我从来没想过的事情。

为什么只允许我流三滴泪？不不不……我要流十滴、百滴、万滴、万万滴……

好吧好吧，我投降了！不过，我还是希望你只流三滴泪，只悲伤三分钟——时间都耗费在逃学、跺脚、挠墙的纠结中，实在是太傻了！快速宣泄，赶紧想辙吧，眼泪又不会施魔法，更不会解救你，一切都得靠自己的智慧——成长的智慧！

另外，书中设置了有趣的"成长小测试"，闲暇之余，你可以做一做这些小测试，但可不要太当真哟！

抱怨不如改变。

有梦想就有希望。

烦恼倾诉箱：

当烦恼困扰你时，与其默默忍受，不如

写信给 jingzhaohu@sina.com，你会得到

赵静这位大朋友的倾情帮助。热心的你，还

可以给有同样烦恼的人支个招儿，你会发现

这是一件非常有意义的事情，既提高了自己

应对烦恼的能力，又帮助了别人。还犹豫什

么，赶紧行动吧！